"兴滇英才支持计划"教育人才项目成果

云南省教育厅科学研究基金项目成果（2023J0400）

西南山地城市蓝绿空间

与建成空间的整合重塑研究

杜娟 刘艳 刘澜 著

中国水利水电出版社

www.waterpub.com.cn

·北京·

内 容 提 要

本书立足于风景园林学科的时空观，以生态智慧为载体，演绎式分析了蓝绿空间与城市建成空间整合重塑的理论和实践发展脉络，跨学科引入演化博弈论作为分析工具，从人与自然的宏观博弈规律以及人与人的微观博弈关系中，探寻一种与新时代发展需求相适应的蓝绿空间与建成空间整合重塑的规划方法。全书聚焦刚性土地需求与自然本底保护矛盾突出的西南山地城市，选取遵义作为案例地展开实证研究，为山地人居科学的地域适应性实践提供样本，也为正处于加速统筹发展机遇中的山地城市高质量发展提供参考路径。

本书研究内容面向自然资源管控，可为国土空间规划助力人居环境品质提升提供评价技术与管控规则相关联的方法借鉴，也可供城乡规划、风景园林、土地规划与管理、公共管理等学科的师生学习，还可供从事国土空间规划编制与管理实践的读者参考。

图书在版编目（ＣＩＰ）数据

西南山地城市蓝绿空间与建成空间的整合重塑研究 / 杜娟，刘艳，刘澜著. -- 北京 ：中国水利水电出版社，2024.6
  ISBN 978-7-5226-2465-5

Ⅰ. ①西… Ⅱ. ①杜… ②刘… ③刘… Ⅲ. ①山区城市－城市空间－空间规划－研究－西南地区 Ⅳ. ①TU984.11

中国国家版本馆CIP数据核字(2024)第103873号

书　　名	西南山地城市蓝绿空间与建成空间的整合重塑研究 XINAN SHANDI CHENGSHI LANLÜ KONGJIAN YU JIANCHENG KONGJIAN DE ZHENGHE CHONGSU YANJIU
作　　者	杜娟 刘艳 刘澜 著
出版发行	中国水利水电出版社 （北京市海淀区玉渊潭南路1号D座　100038） 网址：www.waterpub.com.cn E-mail：sales@mwr.gov.cn 电话：（010）68545888（营销中心）
经　　售	北京科水图书销售有限公司 电话：（010）68545874、63202643 全国各地新华书店和相关出版物销售网点
排　　版	中国水利水电出版社微机排版中心
印　　刷	天津嘉恒印务有限公司
规　　格	184mm×260mm　16开本　11印张　204千字　2插页
版　　次	2024年6月第1版　2024年6月第1次印刷
印　　数	001—800 册
定　　价	**78.00**元

风景园林学科是建立在城市规划、建筑、生态、植物、社会和人文艺术等广泛学科理论与技术手段基础上的应用学科。纵观风景园林在现代城市发展历史中的功能和地位，它的核心价值观多聚焦于城市景观环境的开发与建设中，最大限度以理想的形式协调、定义与塑造人与自然的关系。

在当前生态新政融入国家战略，践行国土空间规划的大背景下，西南地区城市规划与建设如何克服简单的"空间扩张型"粗放发展模式，践行生态发展道路，在城市规划建设的空间构成关系上形成合理生态协同，最大限度避免城市发展产生的生态负效益，是城市规划与建设面前的现实课题，需要从城市历史与现实问题情境出发，研究探讨和提出城市合理生态空间构成和整合的新机制、新动力和新思路。

"天人合一"是源自于中国传统文化，特别是儒家和道家思想的核心理念，它代表了人与自然的一种和谐统一关系。《老子》云："道大、天大、地大、人亦大。域中有四大，而人居其一焉。人法地，地法天，天法道，道法自然。"，老子此言通常被解读为道家思想的核心理念之一。通过阐释"人、地、天"各自的自然存在及其"道"与"自然"相互因借的关系，强调了自然万物间内在联系和相互依存的"合一"关系，指出人类应该顺应自然，与自然和谐共生。

"博弈论"是当代研究决策制定的数学理论，它通常应用于多种领域研究决策者在不同利益和目标下的最佳策略。《大学》有言，"致知在格物，在即物而穷其理也"。本书作者以"天人合一"为生态理念，城市"蓝绿空间与建成空间"空间关系构成为研究对象，"博弈论"为研究方法与手段，遵义市城市蓝绿空间与建成空间整合重塑策略与方法为具体样本，从理论与实践层面研究与探讨城市规划与建设中蓝绿空间与建成空间整合重塑策略与方法等现实问题，意在为城市规划建设生态空间重塑提供分析框架和决策支持。

基于上述思路、理论和方法，本书作者聚焦城市蓝绿空间与建成空间整合重塑问题的理论与实践探讨。系统研究并回溯了城市演进过程中随时代需求变化而渐进式发展的生态智慧，以此作为价值判断，审视人与自然宏观及微观博弈中呈现出的"合作"规律与思维转变，从而建立了一种在"回溯过往、立足当下"的时空分析中，以"复杂问题有限求解"的整合重塑规划方法路径。这一研究思路，对落实科学发展观，为国土空间规划助力人居环境品质提升具有宏观指导意义。

理论性探讨与分析的同时，作者以遵义市为具体研究样本展开多维度分析，使研究具有理论与方法探讨性和实际应用参考性双重意义。理论与方法探讨方面，本书基于山地重要的山水自然要素，综合景观生态学、自然地理学、林学、水文学、管理学等多学科知识，借助地理信息系统的数据集成与二次开发技术手段，实现了对山体资源的辨识评价与水系资源的模拟分析，并面向"剩余不确定"构建山水资源的"降维"整合方法，进而形成了蓝绿空间"本底精读"的技术流程，为规划决策提供了科学的数据支撑和方法借鉴。实际应用参考方面，为使研究成果与规划管控的实际需求相结合，建立了评价技术与管控规则相关联的分析框架，从而为正处于加速统筹发展阶段的山地城市，提供了针对蓝绿空间进行有效保护和合理利用的实施策略，以期对于地方落实管控具有较强的指引作用。

本书作者以其特定视角，聚焦城市蓝绿空间与建成空间整合重塑的规划方法与实践探讨并系统展示了研究的成果。城市空间规划影响要素众多，空间规划设计理论与方法可以从不同视角、层面、维度探讨，作为学术性研究，恐也难免仁者见仁、智者见智，错漏不足之处，但从继承创新、共同促进风景园林理论与方法发展愿望角度，希望作者的努力和本书的出版可以为风景园林同行和城市规划提供一种西南山地城市国土空间规划编制的新视角与新思路。本人也对该书的出版也乐观其成，乐之为序。

2024 年 3 月于西南林业大学园林园艺学院

在我国国土空间规划开启的"生态优先"新时代规划背景下，本书聚焦处于加速统筹发展机遇中的西南山地城市提质转型中所面临的复杂问题及绿色化发展诉求，以城市建成空间与蓝绿空间相互依存、影响、转化的实质为分析起点，基于山地人居环境科学弥合自然与社会科学交叉融通的框架体系，立足于风景园林学科的时空观，全面回溯人类先贤为维系人与自然互惠共生关系所持续探索的生态哲思与生态实践，引入演化博弈分析工具揭示建成空间与蓝绿空间整合重塑历史性过程中的博弈规律，以及不同博弈思维引导下多利益主体形成的共时性组织关系，继而在永续发展的共同价值追求下，形成对蓝绿空间实施有效保护和合理利用的统一共识，尝试构建一种可促使城市蓝绿空间与建成空间协同发展的整合重塑规划多维分析方法。

本书在蓝绿空间与建成空间整合重塑的基础研究方面：①从自然过程与城市发展已然在区域空间中密切交织、无法断然二分的现实出发，借助"自然人化"观与"人化自然"观，通过历经不同文明时期城市的动态演化分析，对蓝绿空间与建成空间互相塑造且彼此依存的关系进行论述。②运用生态智慧的研究范式对古已有之的蓝绿空间与建成空间整合重塑的传统进行演绎式归纳，从根植于中国古代山水文化中的营城智慧，到脱胎于西方近现代生态失落中的自然回归，再到一系列顺应时事变迁、社会变革而呈多向性发展轨迹的生态理论及实践，以及引导实践不断"试错"而具有不同需求导向和模式的生态规划模式。③引入经济学领域应用广泛的博弈分析工具，从蓝绿空间与建成空间系统的动态演进机制中衍生出两个分析层面：一是关注"人-自然"互动关系的自然力与非自然力的宏观博弈；二是关注"人-人"互动关系的非自然力之间的微观博弈。宏观博弈解析旨在揭示空间接续演替过程中人与自然的关系转变；微观博弈旨在审视当前"个人理性"选择下蓝绿空间产品被过度消费而又供给不足的困境，以及传统博弈思维主导下规划与政府、市场形成的"城市增长同盟"。基于上述博弈提出具有协调本质的整合重塑规划应在人与自然合作博弈的契约关系缔造中，以演化博弈思维作为引导，从认知复杂系统的特征出发，综合运用多种思维原则和分析维度，聚焦西南山地城市人地矛盾的具体问题情境，提出"时间-空间""表征-内因""技术-规则"三个关联维度。

本书在蓝绿空间与建成空间整合重塑的应用研究方面，选取遵义市作为西南山地加速统筹型城市的代表，运用整合重塑规划方法的思维原则及三个关联维度展开研究：①"时间-空间"关联维度。在历代的人居环境营建中，遵义市蓝绿空间与建成空间表现出相适、相生、相融、相塑和相契的关系，其中民族特性、农业生产与庄园经济、区域景观营造、交通技术发展、城市规划调控作为各时期与山地自然环境相互作用的非自然力因素，是推进空间发生阶段性整合重塑的机制。②"表征-内因"关联维度。借助 RS 和 GIS 技术，对受人为扰动程度最为剧烈的遵义市中心城区，展开蓝绿空间与建成空间此消彼长的博弈量化分析。③"技术-规则"关联维度。以遵义市中心城区山体水系被大量侵蚀破坏的现状问题为导向，综合运用地理信息系统的空间分析功能，搭建一个整合山体资源辨识评价及水系资源模拟分析的蓝绿空间"本底精读"技术平台，通过"图底反转""要素管控""组团引导"策略促成山水资源整合重塑的规则生成，并以此为基础提出"栖地复育""绿地营育""耕地维育"的技术性方法，全面回应城市"生态安全、生活宜居、生产绿色"的栖居需求。

本书运用定性与定量相结合的方法，揭示了城市蓝绿空间与建成空间在系统演进过程中的博弈规律，剖析了快速城镇化驱使系统处于"非合作"博弈状态的诱导因素，借助 GIS 数据集成分析与二次开发，构建了多情景山水资源整合技术平台，为以高质量发展为导向的山地特色新型城镇化战略提供生态供需支持。

本书撰写过程中，得到了西南林业大学、昆明理工大学以及云南大学众多专家的指导和帮助，尤其感谢唐岱教授、周汝良教授、魏开云教授、宋钰红教授、王锦教授、唐雪琼教授、刘娟娟教授、苏晓毅教授、陈坚教授、马长乐教授、徐坚教授、车震宇教授提出的建设性修改建议。感谢张龙、曾莉、吴亮、刘昕岑、秦艮娟、罗超、胡靖祥、李金义等好友的帮助，感谢遵义市林业局协助提供的大量基础资料与数据。

因受专业水平限制，书中不妥之处还请专家、同行指正。

杜娟

2024 年 3 月

目录

第 1 章
绪论

由绿色空间和水域空间组成的城市蓝绿空间，作为一个与城市建成空间相互交织的整体，反映了时空发展中自然的不断演替以及人类对自然的持续干预历程。作为跨尺度构建城市生态基础设施网络的基础，蓝绿空间系统不仅是增强城市韧性与生命力的重要保障，还是最能体现城市差异化地域环境品质的载体，是提质转型中的城市实现高质量发展的关键着力点。

西南是我国山地分布最集中的区域，山地又是自古以来山川名胜资源的汇集地以及自然资源的赋存地。因此，西南地区的山地城市在发展机遇下的城市化浪潮中，经济增长往往高度依赖自然资源开发，从而导致城市蓝绿空间系统被大量侵蚀、整体性破坏严重的问题。尤其是正处于加速统筹发展阶段的山地城市，在山地特殊的自然环境约束下，城市空间的增量主要源于蓝绿空间的转化供给，人口快速集聚对土地的刚性需求与承载蓝绿空间系统的自然本底保护之间的矛盾尤为突出。基于国土空间规划兼顾有效保护和合理利用的共识，如何认识蓝绿空间系统在演化过程中与人工系统的动态整合机制，把山水体系的再塑造融入到城市的区域景观系统构建中，成为探讨人山（地）关系地域系统调控与优化的山地人居科学亟待研究的现实课题。

1.1 城市蓝绿空间与建成空间的整合重塑系统

城市从最初简单的小型聚落发展到形态功能多样、结构复杂的大型聚居综合体，承载这个漫长演变过程的"本底"即是自然。以自然哲学的视角审视这一过程中人与自然的互动关系，根据人类通过劳动实践及知识技术对自然由无到有、由浅及深的干预程度，将自然划分为自在自然（未认识到但原始发生的自然域）、天然自然（已认识到并与之依存的自然域）、人化自然（经由劳动投入和行为干预向着符合人的目的而改造的自然域）三个主要层次，其中，人化自然因为摄入了人类源源不断的物质实践活动，从而使其原有的结构、形态、功能等发生了改变，成为了人类社会的一部分。基于自然过程与城市发展已然在区域空间中密切交织、无法断然二分的现实，引入人居环境科学学科群中被广泛研究的学术概念"蓝绿空间"，用以指代人化自然域，而将由人工要素主导的聚居域界定为城市"建成空间"。伴随人工要素嵌入自然的层级加深、程度加剧，逐渐演变为具有新的结构特征的"嵌合体"，即城市蓝绿空间与建成空间的整合系统。

城市蓝绿空间与建成空间动态演变的表征背后，实则是人与自然的博弈关系展现，正如马克思所提出的"自然向人生成"，自然在人有目的的实践改造下成为人的本质力量对象化的显现物。而在力的相互作用下，人也在"自然的人化"过程中不断与自然相适从而实现对自身的重塑，即"人的自然化"，因此生态智慧就是人与自然博弈过程中逐渐在人与人之间达成的与自然保持共生互惠关系的"契约"。不同于"自然中心"或"人类中心"，城市蓝绿空间与建成空间的整合与重塑是建立在人与自然主体平等基础上的实践导向。另外，由人工要素主导运作的城市"建成空间"系统与具有自组织性的"蓝绿空间"系统，在时空序列中通过物质交换与能量流动建立起的一个在结构与功能等各层面都存在耦合关系的整体，因此这个系统是历史性、物质性、社会性的综合体，是一个在竞争协同作用下不断失稳又不断达到暂时平衡的动态演进过程（图 1.1）。

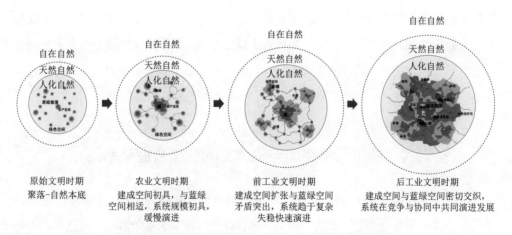

图 1.1　城市蓝绿空间与建成空间整合系统的动态演进过程示意图

伴随经济技术在人与自然的博弈中成为主导，人的主体地位和作用凸显，蓝绿空间在人的主观能动引导下的实践活动中被细分为：人工控制的自然（使自然区域在人为控制下免受扰动而维持自然演替状态，如自然保护区、国家公园、国家级公益林等）、人工维育的自然（对自然区域施以改造利用以满足生活之需或审美诉求，如风景名胜区、森林公园、水利风景区等）、人工培育的自然（通过劳动和技术注入使自然生境发生状态及性质的改变以满足生产之需，如农田、林地等）、人工制造的自然（完全由人创造出的人工生态系统，如各类型的城市园林绿地）。如图 1.2 所示，当人工不断介入自然区域、同

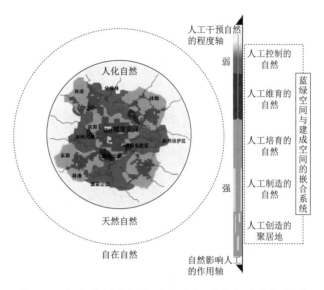

图 1.2　城市蓝绿空间与建成空间的嵌合系统概念图

时在高密度城市环境中重建自然，由此形成了人工与自然相互包含、彼此渗透的空间系统，由于人工向度的社会经济发展诉求与自然向度的考量存在矛盾冲突，因此在多向性的发展选择中利用博弈分析工具建立共识，通过整合规划提供一种能够促使城市建成空间与蓝绿空间协同演进的原则，立足于"时－空"与"表征－内因"维度分析空间系统各阶段的形塑过程以及背后的驱动因素，并借助这些驱动力重塑作为城市建成空间自然本底的蓝绿空间格局。

1.2　城市蓝绿空间与建成空间整合重塑的研究基础

1.2.1　城市蓝绿空间与建成空间整合重塑的生态智慧

　　早在中国古代山水文化传统中产生的朴素生态直觉，是城市蓝绿空间与建成空间整合重塑观的发端[1]。中国古代城市以及前工业时代西方城市所呈现出的城市与自然和谐优美的整合状态，是当时社会的整体观念、制度、文化、技术等人工要素与自然要素相互塑造下的产物[2]。时移世易，当旧的社会秩序被新的生产关系所取代，面对近现代工业化与城市化进程中城市与自然关系的割裂，人们开始在工业文明的危机警示中深刻反思[3]。从早期始于英美的公园体系构建实践到一系列与城市环境改良相关的运动相继起兴，以人工要素为主导的城市空间开始在生态规划的引导下

逐渐整合到以自然要素主导的蓝绿空间中[4]。而生态规划在面向人工与自然高度混杂的空间秩序协调时，从引导整合价值理念形成的"朴素生态观"到强调垂直整合自然因子的"环境限制论"[5]，从实现格局与过程整合的"土地嵌合体"[6]再到溶解城市自然二元对立的"景观都市主义"[7]，直至关注人与自然动态关系的"可持续性科学"[8]，可以看出这些重塑城市蓝绿空间形态、生态、格局、过程乃至系统韧性[9]的生态理论及实践，所呈现出的并非是单向的线性过程，而是顺应社会变迁多元化需求的多向性发展轨迹。因此，所谓"整合"都是阶段性地相对整合，并不存在"大一统"的整合规划理论能够指引生态实践做出绝对正确的判断，这是生态实践原错性和实践过程试错性的体现。也正是出于这种对"原错"与"试错"的认知认同，才促使人们不断在实践经验与科学知识的累积中修正"失误"、创造"新知"，从而更好地与时代发展需求相适。据此，在国内外不同政治经济、社会文化背景催生下的空间规划体系中，因势利导地衍生出多种生态规划范式导向，无论是国外关注持续利用的需求导向、有效保护的供给导向以及兼顾保护和利用的复合导向[10-11]，亦或是国内在生产计划、增长竞争、美好生活不同发展时期需求驱动下产生的园林绿化模式[12]、内用外控模式和城郊野融合模式[13]，都综合反映出人们为寻求与自然的互惠共生关系而持续探索的生态智慧。

上述贯穿于生态智慧中理论与实践互促的研究脉络，为立足当下顺应新时代发展需求的城市蓝绿空间与建成空间整合重塑提供了价值判断与选择借鉴（图1.3）。

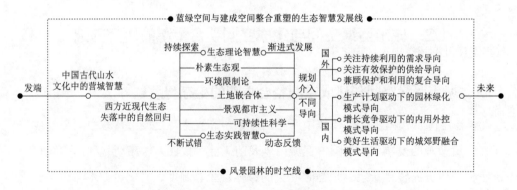

图 1.3　城市蓝绿空间整合重塑的理论与实践历程

1.2.2　"山水城市"作为城市蓝绿空间与建成空间整体性认知的基石

"山水城市"反映了不同时期人们对城市环境的理解和期望，它是建立在中国古代"生成整体观"哲学思想根源上的城市环境观，体现了人们对城市环境的追求，同时也在持续引导着城市空间形态的演变，因此在"山水城市"的发展中蕴含着认知的迭代以及行动能力的提升，而"山水"也从最初的人居环境生存到渐成习俗的文化结构意旨符号，在经历了由"生命理想""政治理想""审美理想"三个逐级递进的目标阶段后逐步融为一体，成为中国历经千年延续至今的思想基因和优秀传统[14]。

城市作为人类改造自然的集中物质体现，从作为人口聚居中心的"邑"发展成四周城垣环绕、具有明显军事防御色彩的"城"，继而集聚成作为区域政治、经济、文化的中心，可以说，在千百年的发展演变中始终保持着与自然的互动关系[15]。因此，自然早已不是原生环境，而是经人工塑造过的次生环境。地处特定的地理环境和气候条件下，城市对区域山川地貌、河湖水系、植被资源等自然要素加以持续地适度干预，使其不断向着适宜人居的方向发展，这种依托自然环境，借助人工技术手段从整体环境出发逐渐建立起的区域景观系统，即是承载城市不断生长和发展的"蓝绿空间"。它不仅可作为城市农业生产、开展漕运、安全防务的支撑和保障，而且经过人工梳理后的近郊浅山和水网还可作为城市人工建造的自然基底，将居住里坊、商业市肆、衙署办公、寺观园林等功能分区紧密相连，从而在"城内造园、城外营景"的不断修建中促成了城郊一体化的区域发展，勾勒出自然环境与人工环境和谐共生的繁荣图景[16]。

在中国古人面对空间实践时所秉承的一元世界观中，"天地"被认为是一个相互映照的整体，正所谓"在天成象，在地成形"，而"山水"架构于天地万物间，成为键联起物质世界和精神世界的"空间枢纽"，先民们将自身的需求、智慧、能力不断凝聚于所处的自然山水环境之中，再将精神世界构筑的价值体系赋予其上，在历代"象天则地、圆空法生"的发展脉络下，逐渐与现实可见的"显山水"相互交融，生成虽不可见但可感悟、传承的"隐山水"，古人正是将这种与自然交互作用过程中积淀而成的"显隐山水系统"内化于心，小到城市中一座私家宅园的兴造，大到整座城池的选址、营建、发展，广到整个国土范围的管控，都以此作为指导空间营造的价值取向，最终形成了以"环境整体观"为核心思想的"山－水－城"理想人居环境模型[17]（图 1.4）。

"山水城市"是对中国历史悠久的筑城传统与栖居模式的高度概括，从 20 世纪 90 年代钱学森先生正式提出这一概念至今，已产出大量研究成果，成为一个多学科交叉的学术领域[18-22]，而蕴含其中的整体观是建立城市蓝绿空间与建成空间系统认知的思想基石。

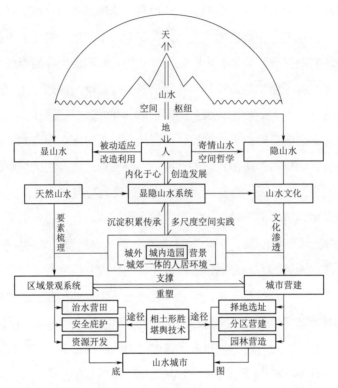

图 1.4 源于"生成整体观"的山水城市传统"基因"

1.2.3 从山地地域系统研究城市蓝绿空间与建成空间系统的整合

由于地质成因山地自然系统具备能量梯度变化性、环境要素垂直分异性、地表物质迁移性、环境要素空间异质性、地表形态破碎和自相似性、环境结构脆弱性等多重特殊自然属性，从而造就了山地封闭、难达的人文属性，山地地域区别于平原低地的最大特征是在长期的相互作用下形成了基于山地自然和人文综合属性的人山地域系统[23]。透过山地地域系统研究城市蓝绿空间的整合重塑，旨在揭示山地环境下人类聚居的形成与发展规律，最终实现山地地域自然系统与社会经济的共荣。

以探求人山关系地域系统良性发展途径为问题导向，"山地城市学"的创立是对山地人居环境的全面响应[24]。作为从"人居环境科学"中衍生出的一个亚系统，"山地人居环境科学"自成体系，涉及自然、经济、社会乃至人生哲学等多门类知识，其理论体系围绕聚类文化论、流域生态论、城乡统筹论、空间形态论、防灾安全论、工程技术论，在重庆大学城乡生态规划研究团队多年的西南山地城乡建设地域化实践积累中，已经形成了较为系统的问题聚类分析与科学论述，建立了我国山地城市生态规划的理论与方法体系，地域性规划路径也在多学科的共同研究支撑下逐渐完善 [25]。

在山地人居环境科学的理论框架指引下，国内规划学界围绕西南山地城市空间结构演化特征及作用机制 [26]、地域适应性城市设计方法 [27]、生态空间格局优化 [28] 等多方面展开了从理论到实证的系统化研究。景观领域的学者是以人工与自然互契为切入点，对山地城市景观风貌营建 [29] 以及城市绿地空间的效能优化 [30] 进行研究，提出"景观触媒"策略激发和引导健康的城市结构和肌理生成 [31]，并采用多尺度整合、动态过程维护、关联边缘效益协调、控制要素体系等途径促使山地蓝绿空间与人工系统的协调发展 [32]。

综合上述研究成果，从山地地域系统研究城市蓝绿空间与建成空间系统的整合应兼顾保护和利用两个向度，突出需求驱动下的过程研究。

1.2.4　博弈论将"空间"内涵从物质拓展至社会建构

正如亨利·列斐伏尔提出的观点："空间是政治性的，城市规划是策略性的。"在对接完上层政治权利宏观管控意图后所剩的"空间"，是用来响应地方政府治理和服务于当地社会民众实际需求的，这是城市规划发挥协调本质并体现效能的关键领域。之所以认为规划的本质在于协调，主要是由于三个方面的冲突：一是出于不同层面考量的城市发展目标，如以经济发展为目标的"高效"，以生态良好为目标的"低碳"、以社会稳定为目标的"公平"等，在多向性的城市发展目标之间必然存在冲突甚至相互排斥；二是投入城市建设的各种空间资源，在流动与整合的过程中也必然存在着平衡和效率的问题；三是在城市建设所带来的利益和成本分配中，必然会涉及社会公平 [33]。

博弈论正是一门在对抗冲突中研究如何达成"合作解"的学科，它和城市规划领域的交叉研究，将"空间"的内涵构建与解析方式从具象的"物质"拓展至抽象的"社会建构"。目前研究主要集中在两个方面：一是探讨冲突背后多个博弈参与方的利益协调与合作机制；二是探讨不同类型的博弈方之间的策略选择问题。

博弈分析的引入源于规划者对城市规划工作本质的认识，城市规划作为配置公共空间资源的手段，很大程度上是进行公共政策的制定与实施。因此，在政府、企业、社会团体、个人等多个博弈参与方之间，运用博弈论的策略分析制定出激励和约束机制以平衡不同集团的利益，从而保障城市规划的作用发挥 [34]。另外，博弈论揭示了"多规冲突"的现象实质，它的核心主要是空间发展权之争、规划价值之争和权域之争，博弈论互动决策的方法为多规融合提供了思路借鉴，通过融合主体、用地布局差异融合以及控制线划定技术重设三种方法以期在多元利益主体的博弈局中达成共识与合作[35]，而我国空间规划的实质在于土地发展权的空间管制，由于各类规划主管部门的行政权力交叠且都不愿"放权"，因此通过上级政府干预介入是解决多规非合作博弈问题的有效途径[36]。另外存在于多部门间的"横向博弈"主要是管控方式、技术标准和法理基础等方面的差异，以及关注中央与地方政府"纵向博弈"中层级化管理与地方发展不匹配的问题，可通过空间治理在"局部与整体""集权与分权""公平与效率"的矛盾中提出平衡与兼顾之策，从而实现空间管制的意图[37]。此外，在国土空间规划体系变革的影响下当空间规划权面向实施时，可从集中于规划和建设部门之间的内部博弈以及政府部门与建设方之间的外部博弈出发，通过划清权责界限减少博弈参与方的争议，并强化规划核实的实际效用以取得整体利益最大化，在充分考虑博弈参与方、博弈方可选择的策略以及博弈方的支付结构三大要素的基础上，使规划政策行之有效[38]。

以上研究均是着眼于分析冲突背后多元利益主体间的博弈，但博弈方的类型不仅限于各种利益集团，还可以是城市发展目标之间的博弈，如生态环境保护与经济发展的平衡，也可以是与空间资源利用相关的政策博弈。关于保护与发展之间的协调，可从生态空间边界落地控制难的问题出发，分析生态用地与建设用地作为互动的博弈方，其间存在的"邻避"困局以及背后各级政府及相关部门之间的博弈平衡，由此提出了"图""则"并存的共赢管控规则[39]。而自然资源约束增强的背景下，为统筹各服务功能保护与使用的均衡效益，可基于生态系统服务价值当量评价与协同权衡机制构建出多元统计解析的城市开发边界划定路径[40]。此外，基于自然环境与人工环境互动机制，还可构建出城市开发模式的博弈矩阵，从而为生态新城的规划提出生态本底的评价与优化策略[41]。

综合以上研究成果，博弈分析为城市蓝绿空间与建成空间的整合提供了一种从矛盾冲突中寻找合作之路的解析方式，也为如何促使系统向着"整合"态势转化提供了兼顾多元目标的协调途径。

1.2.5 城市蓝绿空间与建成空间的格局定量化研究进展

城市蓝绿空间与建成空间的整合反映在空间的外在物质表象上，属于城市区域土地利用与覆被变化（land use and cover change，LUCC）的研究范畴。目前快速发展的遥感技术为城市的时空演变提供了越来越精细化的数据，尤其是在我国快速城市化的背景下，土地利用/覆被变化剧烈的超大和特大型城市以及生态环境脆弱地区是研究的热点，其中，揭示城市作为"以人类行为为主导、自然系统为依托、生态过程驱动的社会－经济－自然复合生态系统"运行机制[42]一直都是研究的焦点。通过具有代表性的LUCC分析模型对具体案例地的土地利用时空演变规律进行解释[43-45]，并对未来变化趋势进行模拟预测是服务于政策科学制定的支撑性研究。

城市蓝绿空间格局构建在近年来的研究应用中已形成了较为系统的方法，虽然研究者采用的技术步骤各异，但保护现有优势斑块和廊道，并构建、修复它们之间的联系，形成与城市空间相互交织的蓝绿空间网络格局是各类研究方法的共同目标。首先，重要生态"源"地的识别是网络格局构建的基础，目前应用最普遍的依然是沿袭麦克哈格生态规划学派对各类资源数据的叠加分析方法，Bowman J T[46]从美国保护基金资助的44个绿色基础设施构建案例中归纳发现：近一半的项目不采用模型而仅通过GIS的图层数据叠加就能识别出重要的生态保护要素，或通过土地适宜性分析作辅助判断，但这种方法在实际应用中要有赖于大量数据的处理以及指标的遴选，因此在基础数据获取受限的现实情况下，基于形态学的空间分析方法（morphological spatial pattern analysis，MSPA）成为国内学者构建城市蓝绿空间格局广泛采用的手段[47-48]。其次，生态廊道的建立对网络格局的形成至关重要，基于识别出的重要生态"源"，运用GIS中的最小累积阻力模型（minimal cumulative resistance，MCR）[49]，根据不同土地利用类型对于物种空间运动的相对阻力值，以及与物种从源地运动到空间某点的距离的乘积赋以每个空间栅格最小累积阻力值，以此构成反映物种空间运动的阻力面，找出阻力面中相对阻力最小的路径作为潜在廊道是指导城市蓝绿空间网络格局修复的常用方法[50]，目前借助Conefor软件和重力模型，还可以确定潜在廊道的相对重要性，作为廊道建立与修复优先次序的决策依据，从而建立斑块间的有效连接、剔除冗余廊道[51]，但也有学者[52]认为增加冗余可增强系统韧性，尤其是可抵御斑块移除后的风险。

景观指数是对空间格局信息的高度浓缩，基于景观生态学的斑块、廊道、基质"空间语汇"，依托目前普遍运用的FragStats景观格局分析软件中的100余种景观指数，能够定量反映其空间结构和配置特征。由于景观指数种类繁多且生态指征意义各不相同，因此根据研究目标筛选景观指数展开对景观空间格局各个向度的研究成果十分丰富[53]。根据法瑞纳在《景观生态学原理与方法》[54]一书中对各种指标应用情况分类汇总，个别斑块指标、空间关系指标、相邻或自相关及分维指标、多样性指标、核心区指标等是在研究中使用较多的类型，其中，通过选取指标对破碎化和连通性进行综合评价是说明人类活动引发蓝绿空间格局变化，导致生物多样性急剧减少的重要指征 [55-56]，从而促使"景观连通性"这一维持生态过程和能量流动的关键因素为科学研究所重视，并将其作为生物多样性保护和城市规划决策的依据 [57]。当前针对城市蓝绿空间连通性的研究已从单一借助景观指数进行评价发展到与多种方法的整合，如基于图论和 Graphab 软件选取以整体连通性指数、中间度核心性指数为代表的一系列图论指数对蓝绿空间中具有高节点度和高中间度的斑块、廊道进行识别并加以保护，进而有效提高系统整体连通性 [58]。另外，法瑞纳还将各类景观指数分为两大范畴：景观组成和景观形貌，上述研究所涉及的指标多属于景观组成范畴，用于表征空间内部的结构，而景观形貌指标是从空间形态出发，用于表征土地嵌合体的时空分异。尤其是在分形理论的研究引入下，景观形貌指标可定量测度城市形态的演变，揭示城市开发区对城市形态的影响 [59]。

1.2.6 研究评述

综上，山地地域区别于平原低地的最大特征在于自然过程与人类活动的高度交互，从而在长期的相互作用下形成了基于山地自然和人文综合属性的人山地域系统。因此，从这一认识出发研究山地城市蓝绿空间与建成空间系统的整合机制，要立足于多学科视野的多"向度"进行系统化研究。

基于"区域景观"的向度：要建立在山地地域综合体的基础上，将城市蓝绿空间视为区域景观系统，立足于风景园林的"时空观"和"山水城市"的思想基因，全面回溯系统演进过程中山地先民为维系人与自然互惠共生关系所持续探索的生态哲思与生态实践，从而为当前的整合重塑建立回应改革需求的"价值排序"。

基于"地方建构"的向度：任一时期城市蓝绿空间所呈现出的外在形态都是利益相关者通过社会性行为达成有限目标的体现。其中必然涉及不同利益相关者因空间利益产生的矛盾冲突，因此引入博弈分析工具，对不同博弈思想引导下解决矛盾冲突的方法以及形成利益契合后产生的效果进行揭示，从而使当下的整合重塑能够在前后比较中具备"纠偏"的能力。同时，从演化博弈的"有限理性"和"动态均衡"视角也可反观现有规划方法中存在的局限。

基于"要素管控"的向度：以山地城市重要的自然山水资源为切入点，关注其空间布局及时空动态特征，识别资源供给与需求在空间上错配状况，评估要素利用潜力及效应，为协调山水要素的保护与利用提供支撑，同时也为以山水资源为载体的"三生"空间展开评价与配置优化奠定基础。

基于"信息技术"的向度：基于当前城市空间格局定量化研究的进展，在案例地中探索多元数据获取、数据挖掘分析、过程仿真模拟、评价与可视化表达等技术的应用，并在此基础上进行与之相适应的"规则"体系创新。

1.3　西南山地城市的绿色化发展诉求

我国是山地大国，山地是自然资源的主要赋存地，全国 2/3 的土地、矿产、水能、地热、生物等资源都集中于此，山地还是自古以来山川名胜资源的汇集地，从而为我国特有的与山水高度交融的人居环境赋予文化意义。从地理单元上看，我国各个区域都拥有山地，西南地区是山地分布最为集中的区域。在"一五""三线"建设时期，重工业优先战略使这一区域中因资源开发而兴的城市众多，主要以原矿、原煤采挖兴市，大多沿河谷和交通干线的边缘地带分布，但在地形起伏较大的广大山区，整体城市发展很难突破"胡焕庸线"所揭示的人口分布规律差异，克服地理气候条件、历史发展等方面的限制因素形成完善的城市结构和发达的城市网络体系，因此历经改革开放后的几十年发展，西南地区的大多数城市由于不具备东部大城市的规模集聚和辐射效应，历史上又多为老少边穷地区，产业布局和市场配置的竞争优势薄弱，普遍呈现出发展滞后、城乡二元结构突出的特点，从而加剧了我国东西部区域性城镇化的不平衡发展。为此，在 2000 年伊始，国家通过西部大开发、中部崛起的战略布局进行政策倾向性引导，并在西南地区设立首个直辖市重庆带动经济辐射，合力推进我国的城镇化趋势由东部平原地区逐步向中西部山地区域延伸。目前，尽管西南地区的城市化率依然普遍较低，但表现出增速较快的特征，尤其是经济发展呈现出强劲之势。另外，根据第七次全国人口普查的数据显示，西南地区"三省一市"❶的总人口为 2.015 亿人（占全国总人口的 14.27%），较第六次人口普查的结果，人口总数增加了 1172 万人。因此，在发展机遇下带来的城市化浪潮中，西南山地城市为加快人口集聚、促进经济快速增长，建设

❶　西南地区是中国七大区划之一，从行政区划上涵盖三省一市一区（四川省、云南省、贵州省、重庆市及西藏自治区），也是广义上的"大西南"空间领域。本研究界定的"西南"是沿袭自《西南夷列传》中"巴蜀西南徼外"的川西、云贵等地区，为狭义上的西南三省一市。其中包括直辖市和副省级城市各 1 个，地级市 26 个，县级市 39 个。按人口规模统计特大城市和大城市各 4 个，中等城市 18 个，小城市 41 个。

往往因循平原模式，重蹈依靠土地财政拉动城市粗放扩张、以牺牲生态环境为代价发展经济的覆辙。

当前在生态新政融入国家战略的大背景下，东部发达城市已步入"空间稳态型"的存量发展时期，但西南地区的大部分城市依然还在"空间扩张型"的增长模式下中高速前行。因此，西南山地城市要发挥后发优势，形成持续效益就必须践行绿色化发展道路。面对依靠土地财政拉动城市粗放扩张的生态负效益凸显，西南山地城市统筹蓝绿空间与建成空间协同发展的生态转向迫在眉睫，需要响应绿色化发展转型诉求中具有"对立统一"关系的问题情境，提出整合的新机制、新动力和新思路。首先，"适应"与"改造"的问题体现在山地蓝绿空间与建成空间呈"犬牙交错"的空间形态特征中，尊重并适应自然约束，转变城市强势增长态势，确保城市发展建设与历代累积的自然山水环境相适，是山地城市获得永续发展的新机制。其次，"限制"与"发展"的问题贯穿于山地城市"集聚间有离析"的空间格局演变过程中，激发蓝绿空间在改善城市生态环境、提升城市地域文化特色以及提高居民生活品质等方面的多重功能与整体效益，将限制性劣势转化为发展优势，从而促成多元利益主体的发展需求达成共识，是山地城市以高品质的人居环境助推城市增长的新动力。最后，是"保护"与"利用"形成于山地城市由"连续山水环境"构成的空间结构支撑体系中，实践证明在经济发展与城市化趋于稳定之前，以"绝对保护"或"被动式防御"的规划管控难以推行，兼顾保护与利用发展两个向度，通过技术结合规则的方法重塑蓝绿空间自然本底，是实现生态效益内生于经济增长的新思路。

1.4 以遵义市作为案例地研究的典型性

通过对西南地区"三省一市"的 67 个设市城市展开聚类分析，以城镇化率、人口规模作为衡量山地蓝绿空间系统保护与城市空间拓展关系的主要指标，将这一区域内城市发展所处阶段的空间增长模式划分为以下三种主要类型：

（1）平稳控制型：城市化率超过 60%，人口达 1000 万人以上。城市空间已处于稳态型增长模式，受自然资源约束明显，蓝绿空间本底保护极为重要，增量发展向存量优化转型迫切，如重庆、成都。

（2）加速统筹型：城市化率已超过 50% 的"拐点"，人口达 500 万人以上，城市仍处于空间扩张型增长模式，常住人口和建设用地规模激增，蓝绿空间本底保护与城市空间的拓展矛盾尤为突出，如昆明、贵阳、曲靖、遵义、毕节、昭通、达州等市。

（3）综合协调型：城市化率处于 30%～50% 的上升阶段，城市发展速度较加速统筹型城市缓慢，常驻人口和建设用地小规模扩张，城市发展可兼顾与自然环境本底保护的平衡，如广元、安顺、保山、毕节、普洱、临沧等市。

根据上述西南山地城市的聚类分析，研究聚焦于正处于加速统筹发展时期的山地城市。由于此类城市较平稳控制型城市，城市建成空间拓展的主要动力来源新增建设用地的供给，而在适宜建设的土地资源本就短缺的山地环境中，蓝绿空间不断向城市建成空间转移流动成为趋势。另外，较综合统筹型的城市，由于人口集聚对各种资源的消费力明显提升，促使生态环境的保护压力在城市寻求自身发展的内生动力下日益增大。尤其是加速统筹型城市过往经济增长高度依赖自然资源开发，当其面临发展转型时，由于山地的封闭性限制了非资源类产业路径的创造能力，因此更容易陷入对单一产业的路径依赖，城市发展的脆弱性较高，表现为受资源推动和约束明显，一旦山地资源中基础性资源量（土地、生物、矿产等）减少并处于紧缺状态时，限于自然资源的不可再生和优势递减性，流动性资源（人力、资金）将发生明显的梯度转移，从而导致城市建成空间的散点放射式蔓延，蓝绿空间被大量侵蚀。

出于上述考虑将遵义作为案例地研究的典型性主要体现三个方面：一是作为西南山地城市中正处于加速统筹发展的大城市代表，1997 年遵义撤地设市后，受国家中部崛起战略的辐射势能和泛珠三角区域的经济发展"红利"的外溢影响，其所在的区域因紧邻成渝经济圈，是近年来鼓励开发政策最活跃的地区之一。因此，政策"洼地"激活其"后发优势"，工业体系不断完善，旅游商贸物流等现代服务业发展迅猛，土地城市化超速前行，城乡建设活动不断打破自然环境的制约，从交通干线、河谷地带向山地区域急速扩张，城市建成空间由点轴向组团式发展，在不断跨越周边山体开启新区建设热潮。目前，遵义市人口向中心城区快速集聚，建设用地规模激增❶，但同时脆弱的生态环境对人口集聚的承载力不高，基础设施的辐射和带动力不强，而在此资源约束下，"内聚"和"外吸"的发展格局极易造成对山地资源的盲目开发和破坏式建设，刚性土地需求与城市生态本底保护矛盾极为突出，这也是处于加速统筹期的大型山地城市谋求发展所面临的共性问题。二是作为"三线建设"时期西南地区发展起

---

❶　据统计，遵义在 1997 年撤地设市后 20 年的发展中，中心城区的建设用地面积由 32.96 km²，增至 96.74 km²，人口由 45 万激增至 130 万，规划面积由 216 km² 增至 967 km²，可见其拓展速度之快。另外，根据遵义市第七次全国人口普查公报的数据，遵义市城镇人口已达 374 万，常住人口城镇化率达 56.69%。

来的工矿城市，先后经历了计划经济时期重工业优先战略引导下的工业基地兴建，以及市场经济时期乡镇企业助推境内采掘、冶炼工业的发展，直至今日，遵义因地处矿产资源丰度较高的地区，其支柱产业依然是围绕自然资源开发利用形成的产业链，如铝工业、钛工业、镁铁工业等，但工业大发展的同时也给环境造成了不可逆的破坏，如三岔硫磺矿区自 20 世纪末停产至今，该区域仍是草木未生，因此在当前市场经济体制逐步完善及可持续发展理念下，遵义正面向产业接续替代和经济结构转型，建立绿色产业集群、提高资源价值和产业发展品质以增强城市发展动力成为资源型城市共同谋划的转型核心任务。三是遵义作为国务院 1982 年首批公布的全国 24 个历史文化名城之一，历史文化底蕴深厚且自然资源丰富，其"城中有山，山中有城，山水相映"的景观特色是遵义历代先民生息繁衍的过程中与自然环境不断适应协调的集中体现，也是各个时期价值观念、社会制度、地方文化等要素层层累积的产物，但伴随技术的进步城市空间拓展不再规限于自然的约束，城市与山水形胜的和谐状态逐渐被单一、生硬的巨大人工物所取代，世代累积的山水城市风貌与历史文脉正在城市建设中消亡。

鉴于遵义在西南城市体系结构中依靠自身独特山地资源及区位优势，承接大城市产业外溢，集聚人口能力不断增强、经济增速显著的发展趋势，目前城市增长与空间扩张呈强"挂钩"关系，城市建成空间与蓝绿空间博弈矛盾日趋激烈，因此迫切需要在其加速统筹的过程中协调自然资源保护与利用的关系，确保城市发展建设与历代累积的自然山水环境相适，寻求一条"绿色化"的发展转型之路。

第2章
城市蓝绿空间与建成空间整合重塑的生态智慧

生态智慧源于实践，是人类先贤们在与自然协同进化过程中，基于对生态实践原错性和实践过程试错性的认知认同、精心维系人与自然之间互惠共生关系的契约精神，以及在这种精神引导下因地制宜、做出正确决断、采取有效措施从而审慎并成功地从事生态实践的能力[60]。20世纪70—80年代，在西方"绿色环境运动"的蓬勃发展背景中，"生态智慧"这一概念被哲学家阿伦·奈斯（Arne Naess）首次提出时被认为是"个人对于人与自然和谐关系的哲思"。90年代佘正荣教授在《生态智慧论》一书中则认为"生态智慧"不仅限于个人哲思，而是人群乃至整个社会的人类在适应和改造环境过程中的生存智慧。可见，生态智慧包含生态理论智慧和生态实践智慧两个层面，生态理论是广义上能使人与自然相适的理念集合，生态实践是人为了满足生存和发展之需在生态理论的指导下所从事的生态实践活动，旨在营造一个安全、稳定、和谐的环境。规划是在生态实践中运用不同技术方法以及制定规则在利益相关者之间寻求共识，从而高效从事生态实践的渐进式试验过程。因此，生态智慧既致力于解决实际问题，又寻求拓展认知的边界，具有在实践过程中不断探索、积累新知又反过来"以道驾术"的能力。

2.1　城市蓝绿空间与建成空间整合重塑的生态智慧发端

自人类诞生以来，就有对聚居地择地选址的传统，这种与自然保持互惠共生关系的深刻感悟是历代实践者为满足生存和发展之需所遵循的共同法则。伴随着历史上的社会大分工，工商业劳动和农业劳动逐渐分离，由此引发人类聚居地也随之分化成城、乡两种栖居模式。在社会生产力和经济技术条件相对落后的时期，任何一座城市的产生与发展都与特定的自然地理条件密不可分，尤其是自然资源丰富、具备良好的军事防御条件且交通运输便利之地，历来都是城市选址的首选，而筑城依从自然规律，因地制宜、就地取材即成为各大文明城邑兴建过程中逐渐形成的生态智慧，继而引导前工业时代的城市规划和人居环境营建等生态实践都是建立在蓝绿空间与建成空间整合的普遍共识下。近代工业文明引发了城市规模和数量的急剧扩张，建成空间与蓝绿空间彼此互生共存的整体被割裂，城市发展陷入到前所未有的混乱状态中，因此在追求经济和效率优先的生态失落中重塑城市与自然的联系，成为生态文明时期引导新一轮建城实践活动的生态智慧。

2.1.1　根植于中国古代山水文化中的营城智慧

我国是一个多山的国家，而有山必有水，我们的先民多生活在封闭的山区或半封闭的河谷地带，在这种自然环境中起源的文明，人们对"山水"的认知在漫长的原始及农耕社会中经历了由敬畏到崇拜再到利用改造的意识转变，并与宗教、审美等精神层面的需求有机融合，从而赋予了"山水"自然属性之外的文化内涵。山水文化作为人与自然交互过程中产生的生态哲思，肇始于先秦至两汉时期的山川崇拜和祭祀活动，从最早的一部地理学著作《山海经》中的记载可知，祭祀山岳河川已在当时非常普遍，而山川之所以备受重视，一方面来自于古人"观象授时"的实践，山岳是其观测一年节气的重要大地坐标，另一方面在强大自然力支配下生存的人们认为"名山大川能兴云致雨，以利天大"，并且自秦起封禅活动成为封建统治者强调"君权天授"的重要手段，国家也愈加重视对山川的祭祀，至西汉时"五岳四渎"的山川祭祀格局最终确立，成为国家加强统一管理、反映政权的重要地理符号。东汉时期本土道教兴盛，佛教也从印度经由西域传入中国，作为宗教建筑的佛寺、道观方兴未艾，开始遍及山野地带。魏晋南北朝时期，玄学成为继儒学之后盛行于士人中的显学，而玄学以老、庄的"体道"❶为认识基础，主张"贵无"思想，从而滋生出寄情山水、崇尚隐逸的社会新风尚，这种盛行于文化圈中游山玩水的浪漫风习加深了文人士大夫们对自然美的认识和感悟，山水诗、山水画以及渗透在山水间的园林开始大量涌现，而此时宗教隆盛，郊野地带的自然山水作为寺观基址的外围环境得以被筚路蓝缕地开发和建设成为名山胜水，极大地推动了民间山水审美意识的形成，这种意识完全取代了过去人们对自然所持的神

---

❶ 老子和庄子的体道认识，是一种从自身的潜意识出发认识事物本质的直觉体悟，与需通过实验手段探索外部客观事物的科学认识不同。体道中无主体和客体的差别，是将自我与认知对象融为一体、以"气"的修持建立与宇宙万物本体"道"的沟通。所谓"道法自然"，即效法和遵循自然，而这里的自然是一种"无状之状"，也就是说自然规律是万物运行的法则。在这个法则中"无"生"有"，"有"又归于"无"，往返其间的关系就是自然。

秘和功利的态度，将山水当作是有灵性、人格化的审美对象加以欣赏，激使文人雅士经营园林的兴致高涨，从而使越来越多的自然山水被利用并纳入到人居环境的营造中，这种自然美和人工美的融糅开辟了山水审美文化的新纪元。唐宋之际，在山水诗和山水画互相渗透的自觉追求下，通过叠山理水这种造园的专门技艺，对园林的地形地貌进行整治和艺术加工，凭借"外师造化，中得心源"的写意手法将以无根的大自然为蓝本熔铸而成的诗情画意缩移摹拟于咫尺间的园林之中，使造园者在写山水之形的"物境"中不断抒发触景生情的"情境"以及托物言志的"意境"，而山水文化也在不懈追求情景交融境界的造园实践中得以繁荣和升华。

中国古代城邑的规划与营建是贯穿于上述山水文化形成始末的一项重要生态实践，由此形成的"山－水－城"空间格局是我国传统人居环境的理想模式，而"人居环境"虽然是一个产生于当代人类为解决聚居状态下持久发展问题的学术概念，但其中所蕴含的蓝绿空间与建成空间的整合思想却古已有之。

如隋唐长安城，作为中国古代城市建设大发展时期的一国都城，充分体现出古人营城以自然山水要素为先导，因天才、就地利的规划理念。从《管子·度地》中"圣人之处国者，必于不倾之地，而择地形之肥饶者。乡山，左右进水若泽。内有落渠之写，因大川而注焉"的记载可知，山水交汇之处是城市理想的立地条件。隋文帝择地建都所选的龙首原一带，便是"山水大聚会之所"，因"山川秀丽、卉物滋阜"而"结为都会"。将作大匠宇文恺在长安城初兴，以"大兴城"命名之时，便对城市周边的山形地貌展开详细勘测，巧妙地将龙首原九岗（原）中的"六岗"楔入城市以东的坊里之间，以此作为塑造城市形态的生态基底，其中六岗之最南一岗名乐游原，地势高爽、境界开阔，外加佛寺的人文点缀，逐渐成为当时城郊的一处著名风景名胜，僧俗信徒、文人墨客往来不绝。另外，利用工程手段对城市所在区域的水系统进行综合梳理是建城之初人工干预自然的又一要务，龙首渠、永安渠、清明渠、黄渠 4 条水道相继开凿，从附近的河流湖泊中引水入城不但解决了皇城、宫苑以及居住坊巷的供水问题，同时还发挥着排水、行洪、净污、灌溉周边农田等多种功能，再开广通渠连接渭水与黄河，通过满足漕运之便加强城市与沿途聚落的沟通，此外利用河渠两岸风景佳丽地段，种植林木蓊郁，并拓宽陂塘水面，环池修建楼台参差，在百姓熙来攘往间将其开辟为公共游览胜地，从而促成了城市山水环境的整体风景化，如曲江河滨水畔帝王贵胄与民同乐的盛景则是长安城繁荣昌隆、社会安定的缩影。可见，无论是出于审美需求的"巧于因借"，还是出于功能需求的"因势利导"，都是先民在立地条件下为解决实际问题所运用的营建智慧,而经人工介入后的"山水"不仅具备了抵御环境灾害、维系城市发展的能力,而且作为城市的风景体系与城市功能息息相关,由此形成的"山－水－城"景观格局成为宜居的典型模式为后世效仿。

如北宋都城东京,在沿袭隋唐皇都造城模式的同时,因其城市功能更侧重于作为经济中心和财富集中之地,故封闭的坊里伴随着市肆的空前繁荣而演变为商业化的街巷,而与之相适的区域景观系统也在人们的需求转变下向着能够促进物资交流和商业繁荣的方向发展。因此与长安城相较,同样是水道穿城而过,但东京呈现的景观风貌却完全不同,正如《清明上河图》所描绘的汴河两侧百肆杂陈、车水马龙,河上舟楫往复、飞虹卧波,一副繁华都市之象。五丈河、金水河、汴河、蔡河 4 条府河所发挥的主要功能是连接江淮运河以构筑起城市通达内外便捷的水运交通。漕运、市肆渐盛,极大地促进了城市商住功能的混合,甚至寺庙道观也随着经济发展和人们交流频繁,逐渐融入民间商业贸易之中,如御街旁大相国寺内的庙市可纳万人,足见其规模和热闹程度。城市日渐人烟稠密且屋宇错落,与郊外的疏林薄雾、农舍田畴形成了鲜明对比,人们内心对山水的渴望更加热切,当自然山水的空间关系不能满足风水、礼制以及人的心理和审美需求时,以城市功能和人本需求为载体的园林营造日渐兴盛,人们通过历代传承的筑山理水技艺开始构建人工山水,将"本于自然、高于自然"的艺术创作主旨付诸于皇家园林、私家宅园,甚至酒肆茶馆旁以商业为目的的公共园林的营造中。其中艮岳作为"放怀适情、游心赏玩"的大内御苑,"一拳则太华千寻,一勺则江湖万顷"的山水意象在人工精心营建的山嵌水抱态势中被表达得淋漓尽致,而早在艮岳建园之前,依托环绕外城城垣护城河凿池引水而建的含芳园、金明池、琼林苑、玉津园、宜春苑等园林湖池,则充分体现出古代营城不以城墙为限、营城必先治野,善从生活、文化、风景等多个维度经营郊野环境的传统,通过河网水系与城内园林串联共同构筑起城郊一体的风景体系,以维持城市的持久繁荣。可见,如王树声教授所言:"城市绝不仅仅是经济的产物,城市秩序也不仅仅是经济秩序,因经济而起的新建设都应与城市的人文空间秩序、山水风景秩序融为一体。中国本土规划善于调和不同要素、不同利益之间的关系,以形成超越矛盾要素的新秩序,从而达到不同矛盾之间的融合与平衡,犹如'四民异业而同道'",一切要素都应融于城市的"道"中。

2.1.2 脱胎于西方近代生态失落中的自然回归

前工业时代西方的城市发展总体上呈现为一个渐进持续修补的过程,并与自然环境有机契合，这主要是由于继罗马帝国衰亡，欧洲进入漫长的中世纪，这期间整体经济衰落且受到战争割据的影响，城市建设活动被抑制，尤其是由获得自由的农奴而非封建统治势力建立起来的西欧诸城，大多是为了满足市民阶级和早期资产阶级之需而自发形成，且城市规模和人口多寡都受到周边农村供应剩余农产品以及运输条件的直接影响。因此限于技术水平和资金来源，城市布局结构肌理多选择与地形走势紧密配合，不做大规模改造，城市所处自然环境中的山林河湖得以保留并与建筑街巷相互映衬，形成人工顺应自然的有机秩序，而这种因势利导、尊重自然的营城理念与中国古代的城市规划思想不谋而合。两千多年前《管子·乘马》中所提到的："凡立国都，非于大山之下，必于广川之上，高毋近旱，而水用足，下毋近水而沟防省。因天才，就地利，故城郭不必中规矩，道路不必中准绳"，也是中世纪西欧城市普遍推行的营建技术。中世纪之后，西方文明在文艺复兴和启蒙运动的相继影响下，其政治、经济、文化、艺术等各个领域全面繁荣，城市建设也从神权至上的思想束缚以及宗教统治的蒙昧状态中逐渐走出，大量公共建筑如住宅、学校、医院、广场的出现则表明在"倡导人的天性解放，主张平等、自由和自我价值实现"的人本主义思想盛行影响下，城市的人为秩序开始凸显。随着文艺复兴后西方资本的不断累积以及技术和产业的飞速变革，大大促进了资本主义大工业的产生，造成小生产者的手工业纷纷破产，城市周边的耕地也逐渐被新兴产业取代，大批失地农民与手工业者一同涌入城市，成为大规模工业化生产的雇佣大军，城市规模急剧扩张，就社会关系而言，以家庭为中心的结构逐渐弱化，封建城市原有的结构和布局被打破，城市建设为适应资本主义工业大发展需求而发生了重大转变，大片的农田、果园、菜地以及自然环境被开发成工业区、仓库码头、交通运输区和工人住宅区等，从"自然中的城市"到"城市中的自然"成为工业革命时期现代城市形态转变的真实写照。

随着工业革命的浪潮从英国逐渐波及其他欧洲国家和美国，在科技飞速进步、生产力显著提高、经济水平大幅提升的同时，人们身处混乱拥挤、污染严重、疾病蔓延的城市中对自然回归的渴望也愈加强烈。面对城市化进程中城市发展从"自然中的城市"到"城市中的自然"的历史宿命，社会各界开始努力探寻城市与自然和谐共处的解决之道，掀起了一个接一个的社会思潮与运动，引领城市与自然的关系从农业时代的"遵从"到工业时代的"对立"，再到后工业时代的"整合"，历经一个价值观的理性回归。从19世纪上半叶出现的"浪漫主义"思潮，后至中叶"现实主义"开始盛行，从抒发个人情感和体验出发讴歌自然到从客观现实角度重新认识自然价值的转变，奠定了西方自然主义和朴素生态观发展的基础，而19世纪下半叶至20世纪初相继勃然而兴的"工艺美术运动"和"新艺术运动"，则从艺术设计领域拓展至对自然环境的关注，并延伸到社会公平、改善公民居住环境以及精神需求等多层面 [61]。

2.2 城市蓝绿空间与建成空间整合重塑的生态理论及实践智慧

进入 20 世纪后，城市建成空间与蓝绿空间的整合逐渐聚焦于矛盾日益凸显的人地关系，由此产生了众多具有生态取向、表现出城市自然主义设计方法本质的理论。正如普拉特学院（Pratt Institute）对城市自然主义设计者提出的要求是"解释和解决城市的自然、社会和经济力量等问题"，因此将城市纳入自然所做的生态实践在面向不同政治经济、社会文化背景下的城市化问题时，呈现出的是一个随着实践经验以及科学知识积累而变化的过程，并非是一个持永久性的解决方案。根据不同时期分别形成的系统性知识与论述，将城市蓝绿空间与建成空间整合重塑的理论及实践发展脉络归纳为以下 5 个阶段。

2.2.1 引导整合价值理念形成的"朴素生态观"

将生态学原理应用于城市发展变化机制研究最早也最具影响力的先驱是苏格兰生物学家帕特里克·盖迪斯（Patrick Geddes）。在《进化中的城 市》（*Cities in Evolution*，1915）一书中，他提出把自然区域作为规划的基本框架，强调"调查分析先于规划"的理念，而这一分析方法早在查尔斯·艾利奥特做《波士顿都市公园系统委员会报告》（*The Report of Boston Metropolitan Park Commissioners*）中便有体现，通过对地域环境展开调查，针对山脊、陡坡、河谷、沼泽、海岸线等不同类型的景观施以不同的规划策略。面对技术变革给城市同时带来的大发展与环境破坏，盖迪斯并未陷入到"技术即是反生态"的绝对批判中，也不持有科技进步能解决所有问题的乐观态度，而是提出城市发展应融合自然的"优托邦"（Eutopian）设想，与无法实现的"乌托邦"（Utopia）城市梦想不同，盖迪斯认为"优托邦"是可以通过理想与现实不断辩证的过程来达成的城市状态。这一认识与上一时期奥姆斯特德、艾利奥特等人通过构建公园系统实现自然与城市融合是本质差异在于：盖迪斯的城市区域自然观是将城市看作是一种可进化的生命系统，较城市的空间形态其更重视对城市社会环境的重组，这一点与田园城市的社会改良学说相契合，也对美国著名的城市理论家、社会哲学家刘易斯·芒福德（Lewis Mumford）及其所主导的美国区域规划学会（Regional Planning Association of America，RPAA）产生了极大的影响。芒福德在其著作《城市发展史》（*The City in History*）中对于科技与文明的关系进行了全面反思，在肯定城市对于"流传文化和教育人民"起到积极作用的同时，主张经济和技术只是推动社会进步的手段而不是城市发展的最终目的，探求构建一个能使人和环境有机融合且持续发展的整体才是城市价值实现的源泉 [62]，这也是人本主义规划传统中朴素生态观的反映，其中暗含一种从"作为结果的规划"向"作为过程的规划"的整合价值的转变。这一时期英美规划师们跨越大西洋的双向往来极为频繁，遭受战争影响出现发展停滞的英国城市在战后恢复时广泛借鉴了美国的区域规划经验以遏制城市蔓延。

2.2.2　强调垂直整合自然因子的"环境限制论"

20 世纪 60 年代受社会批判与环境思潮的影响，生态学、地理学及环境科学与城市规划的学科渗透现象日趋显著，而基于环境调查采集地形、气候、土壤、植被、野生动物资源等生态因子进行综合量化分析的方法，早在 20 世纪初期英美传统的自然资源保育论述中便有运用，如 1912 年，艾利奥特的学生沃伦·H. 曼宁（Warren Manning）就利用他首创的折射板地图叠加法对马萨诸塞州比勒利卡编制保护与开发规划，遗憾的是限于当时的经验主义以及可作为支撑科学量化的学科基础发展并不成熟，这一生态规划方法并未得到广泛推广。随着人们对生态系统的整体性认识逐渐深入，以谢菲尔德（Peter Shelpheard）和海科特（Brain Hackett）为代表的风景园林师开始重拾生态因子分析方法，并在菲利普·刘易斯（Philip Lewis）、劳伦斯·哈普林（Lawrence Halprin）、安格斯·希尔斯（Angus Hills）、伊恩·麦克哈格（Ian L.McHarg）等人的共同努力和推动下，使这一时期的规划价值观、程序方法、应用技术等内容相对协调地统一整合在"设计结合自然"的理念中。但真正触发设计革命向科学和理性思维模式转变的是宾夕法尼亚大学生态规划学派以麦克哈格为代表所提出的"千层饼"（Layer cake）规划方法，在其极具影响力的《设计结合自然》（*Design with Nature*，1969）一书中，麦克哈格从跨知识领域整合出发对已有的叠图程序进行完善，将气候学、地质学、水文学、土壤学、植物学、动物学以及人类活动所涉及的数据内容按照形成时间先后顺序在垂直方向进行综合分析，由此形成了一套以"千层饼"规划流程为基础进行土地适宜性评价的生态规划方法。该方法由于契合了包括地理信息系统（GIS）在内的计算机制图技术发展趋势，复杂的人与生物物理系统相互作用过程被逐步量化和精细化，因此后被广泛地应用于环境保育目标下的土地开发行为规限中,适应性分析也在日益成熟的地理信息科学与技术发展中,衍生出针对土地潜力综合评估的不同方法,如格式塔法、数学合成法、区域辨识法、逻辑合成法等,尽管这些方法在划分土地单元时所采用的依据和分析步骤各不相同,但其共同目的都是论证土地利用方案的合理性和可操作性。换言之,土地之自然状态是限制人类从事非林业活动应首要考虑的因素,麦克哈格正是将这种"自然至上"的设计理念与理性的科学分析相结合,以取代人类中心主义价值观引导下"经济决定论",试图通过生态学途径实现自然过程对建设实践的引导。

这场由麦克哈格掀起的以自然生态因素为主导的环境限制规划理论(constraint-based planning)及方法变革,使设计"从美学走向科学,从探求独一无二的作品向更容易实现标准化的程序转变"。但是当从"自然过程观察与描述→生态因子勘测与调查→生态因素分析与综合评判→生态规划结果的多样性表达"的生态规划框架在大量实践中逐渐走向标准化时,这种在单一目标引导下强调垂直流程所得出的线性结论也开始被质疑和批判。20 世纪 80 年代,复杂性科学(complexity science)在由耗散结构理论、协同学、突变论、超循环论、分形学、混沌学等以一系列理论群所构成的自组织方法体系中应运而生,包括生态学在内的传统经典科学受其影响发生了颠覆性的变革,人与自然关系的知识建构也随之发展转变,面对由社会系统、工程系统、物理生物系统整合而成的开放巨系统,超越现象感知以及因果逻辑的非线性思维、整体思维、关系思维以及动态思维成为人们探究复杂系统的出发点[63]。麦克哈格生态规划方法的局限性也因此显露,从技术层面而言,不同生态因子之间的非线性关系以及水平流动过程致使综合评估十分困难,加之不同的人群对调查数据有着不同的价值判断,使权重赋值方法具有任意性;从方法论层面,仅面向自然生态因素的适应性分析带有明显的消极防卫性质,当评估结果不能为管理行为主动制定准则时,人类活动对高环境敏感度的自然区域的破坏和侵蚀也就不会得到有效遏制。

2.2.3 实现格局与过程整合的"土地嵌合体"

伴随着地理学和生态学的迅猛发展,德国区域地理学家卡尔·特洛尔(Carl Troll)于 1939 年首次提出"景观生态学"(Landschaft Ökologie)一词,这其中既反映出将景观空间格局与生态系统过程整合到一起的观点,又体现出将地理学中盛行的

"水平 – 结构"途径与生态学中占主导地位的"垂直 – 功能"途径进行整合开辟新的研究领域的趋势。可以说，特洛尔对景观生态学的认识是在复杂性科学形成之前就运用复杂性思维对区域由自然和人文因素共同构成的有机整体进行思考的代表，由此奠定了景观生态学以整体论为指导、围绕人类活动频繁的景观系统展开系统研究的基础。20 世纪 60—80 年代，中欧成为推动景观生态学发展的主要地区，在德国、荷兰建立多个相关研究机构的同时，诸多学者也纷纷加入到景观生态学的理论探讨及实践中，至 1982 年，国际景观生态学会（International Association for Landscape Ecology，IALE）正式成立，学术研究活动日益普遍，景观生态学专著开始涌现，对景观生态学跨学科整合人文系统（技术圈）与自然系统（地球生物圈）的整体论思想进行了系统论述，提出整体人文生态系统理论，继而影响了欧洲的景观生态学研究与实践向着综合社会经济、文化传统、自然环境等诸多因素的方向发展。美国的景观生态学研究起步较晚，但发展迅速，且与欧洲的景观生态学观点存在较大差异，主要体现在其对"格局 – 过程"学说（A.S.Watt，1947）以及"斑块动态"理论（Pickett&White，1984）的继承与发展，在哈佛大学景观系教授理查德·福曼（R.T.T.Forman）和美国景观生态学戈登（M.Godron）合著的《景观生态学》（*Landscape Ecology*，1986）一书中 [64]，以斑块、廊道、基质三种空间元素，同时再辅以遥感、地理信息系统、全球定位系统技术手段，以及动态模拟途径来描述景观尺度中自然系统的运作及流动过程、植物群落演替及动物迁徙、人类的土地利用模式等，逐步形成了以景观结构、景观功能、景观动态相互关系为主要研究内容的主体框架，这种以生态学为中心、广用定量方法进行的空间格局分析为地区环境政策以及土地利用方针制定提供了科学依据，从而促使景观生态学作为一门具有高度综合性、多学科交叉的新兴学科，在北美乃至全球得以广泛应用，并且随着不同国家景观生态学家之间的交流与协作日趋频繁，景观生态学的主要研究议题也逐渐聚焦。从 80 年代开始，和景观生态学相关的文章在我国的学术期刊中正式出现，1989—2019 年相继举办的共 10 届中国景观生态学研讨会极大地推动了中国景观生态学的发展，并在我国所处的具体国情及自然环境本底下，逐步形成了紧跟国际研究前沿的重点领域，其中"城市景观演变的环境效益与景观安全格局构建"是直接涉及蓝绿空间与建成空间整合的具体研究方向。

面对区域空间中自然过程与城市发展的密切交织，福曼提出将"城市 – 区域"视为一个土地嵌合体（land mosaics）。作为人类可感知的景观空间尺度，其既涵盖了由地形、植被、土地使用及城镇聚落等所构成的空间形貌特征，同时又揭示出各种生态流动影响下形成土地嵌合体空间格局的过程，因此涵括时间和空间两个向度的土地嵌合体结构为探讨城市发展与自然环境系统空间整体提供了一个较为全面的分析框架，而"斑块－廊道－基质"作为一种能够形象描述土地嵌合状态结构与功能相互关系的模式"空间语汇"，可直观地对比其在时间上的变化过程，为景观生态学与城市规划之间搭建了一个可供沟通的理论界面，不同专业的专家学者以此为普适性要素展开对土地嵌合体的研究，并将研究所得的原理直接应用于从邻里到区域不同尺度的土地利用规划、设计、保护、管理以及政策制定中。

2.2.4 溶解城市自然二元对立的"景观都市主义"

1989 年美国建筑师韦恩·奥图（Wayne Atton）和唐·洛干（Donn Logan）在《美国都市建筑——城市设计的触媒》一书中对第二次世界大战后美国城市复兴中的现代主义城市规划设计理念提出质疑，并引入"城市触媒"概念，主张一种可以应对城市不断变化、并能刺激和引导城市"渐进式"发展的规划观[65]。但长期以来，决定城市秩序的首要要素是建筑，当一个个建筑单体与灰色基础设施堆砌成毫无生机的巨大"钢筋丛林"，城市的地域性和文化性几近消失时，人们开始意识到把动态的城市过程强行框限于一个由建筑构成的空间形态中，必将导致无序和混乱。尤其是到 21 世纪初，当主要发达国家纷纷迈入后工业时代，在全球化经济产业调整、新型交通和通信技术等一系列叠加因素的共同推动下使城市呈现出高度变化的流动性，原本的等级消失变得无中心化且间断不连续，具有高度混杂的功能分区和水平延展等特征[66]，但传统建筑学的功能分区和整体控制思想，在应对城市发展日益复杂的问题和矛盾时都显得力不从心。此时，伴随现代景观科学和生态科学对人居环境的影响日益深远，源于对当代城市现象的"景观化"阅读，而这里的"景观"既可作为人与自然交互的界面，承载一切发生其间的事件与过程，又能为城市演变提供一个与"建筑范式"完全不同的高度结构化且具有层叠性（多功能）、无等级性（开放性）、弹性（可塑造）和不确定（暂时性）的模式，因此作为新一轮城市发展中"触媒"，引发了"景观复兴"的学术思潮[67]。

事实上，景观作为城市触媒的出现是伴随着景观自身内涵和外延的不断丰富与拓展，同时也是景观在应对城市历时变化的功能转变过程。景观跳脱出对如画景致的追求，在帮助城市确定人工环境与作为载体的连接表面之间的相互影响关系之后，成为展现城市整体空间形态与描述城市整体生态系统的一种比喻模式[68]。透过景观，城市的演变历程得以明晰，在发展过程中的不确定因素也得以更好地协调，而景观作为容纳城市增长并消隐边界的载体，将建立起复合型的城市绿色综合体。詹姆斯·科纳认为："不断变换的载体和变化多端的动态特征使城市丰富多样但也难以塑造和掌控"，因此将城市化视为一个动态过程，置于时间和空间两个要素中理解城市的暂时性以及系统相互关联的复杂性是景观都市主义的主要面向，如果说福曼的贡献主要在于提出"土地嵌合体"进而将抽象的生态学数据转化成形象的空间图示语言，那么景观都市主义则是在此基础上引入了时间流变的动态延绵来阐述形式与流经和维持它的过程如何联系，从而赋予空间以随机性和不可预测性，因此"基于过程的设计"是景观都市主义提出的主要方法论[69]。

2.2.5　关注人与自然动态关系的"可持续性科学"

2019 年据英国著名科学杂志《自然》报道，一个标志着新的地质时代"人类世（Anthropocene）"的提案得到了众多科学家的投票赞成，这说明伴随着人与自然相互作用的持续加剧，人类已成为影响环境演化的重要力量，但作为地球上与其他生物一样的物种，追求种群延续和繁荣是所有生物共同的特征，这其中隐含着作为生命最原始需求的"可持续"思想，因此面对现实世界业已显现的"不可持续"事实，人们对可持续发展的渴求愈加强烈。在获得国际社会普遍认同的情况下，其作为一门"研究人与环境之间动态关系，特别是耦合系统的脆弱性、抗扰性、弹性和稳定性"的整合型科学在近 20 年间迅速发展[70]。2001 年"环境与发展：可持续性科学"一文在《科学》杂志发表，在明确了"七大核心议题"后，可持续科学作为一门新兴科学正式诞生。2002 年在约翰内斯堡召开的地球峰会上对可持续发展的"三重底线"，即环境保护、社会平等和经济发展做了针对性阐述，而"强、弱可持续性观点"是对存在于"三重底线"间"人造资本"与"自然资本"互补或替代关系的进一步描述[71]，从而揭示出目前人类社会尤其是以损坏环境为代价的经济发展模式是不可持续的。

当规划应对快速城市化下自然系统与城市发展、产业结构、社会重组构成的交错复杂的关系和情境时，往往工作重点并不是准确预测城市发展规律，也不是制定最优化的空间布局，而是能够依靠智慧和技术提升城市整体系统的自我调节能力，使其具有抵御和吸纳各种消极的干扰因素和不确定性的能力，同时还能发展出将积极的机遇有效转化为资本的适应性策略。

2.3 城市蓝绿空间与建成空间整合重塑的生态规划范式导向

从范式的三层次划分：顶层为一种形而上学获得广泛共识的哲学范式，对应个人乃至整个社会的"生态哲思"，属于生态理论智慧范畴；中层是在某一特定时代、特定领域内研究对象所遵循的基本规则和准则，对应生态实践所面向的社会改良和发展需求；底层是在需求导向下成功解决具体问题所采用的工具、技术和方法的总和。规划作为凭借理论指引做出价值判断并促成生态实践执行的重要"介入"因素，是以上范式层级的集成体现，由于规划过程本身具有试错性，所借助的技术手段也在与时俱进，因此规划"范式"也是因势利导具有演进性的，当一个个规划范式相继被证实又相继试错，即形成了一个不断变化的范式转变过程，这个过程既有可能是正向的进化，也有可能是负向的退化，规划可被视为是影响态势转变的诱素，一个正在退化中的进程极有可能受到积极、适当的规划干预而走上正向进化之路 [72]。在城市建设的生态实践领域，公共政策的空间化是规划得以实施的保障。其中，公共政策是规划面对现代社会"多元发展目标、多种资源投入、多利益分配"的协调本质 [73]，带有公众共同认同的价值准则成分，属于范式的中间层次；而"空间化"带有较多技术成分，是规划对公共政策的具体落实和实施，属于范式的底层范畴。因此，空间规划作为范式的中低层集合范畴，是在统筹政治、经济、社会、生态等多向性发展目标过程中，促成多元利益主体达成共识，继而对空间资源投入和收益进行分配和协调的过程，由此构成一个由各类与空间使用有关的规划体系。城市蓝绿空间与建成空间整合重塑的生态规划则是在这个体系框架中的不断试错，其范式导向反映出不同国家公共政策的侧重，也反映出规划技术和方法模式对不同发展阶段需求的响应。

2.3.1 国外空间规划体系引导下的范式导向

空间规划体系在西方各国的实践中，由于地处不同的自然条件、历史文化及政治经济环境中，其所依托的政体、法律、权力分配、政府角色、规划侧重、体系完善程度等也存在诸多方面的差异性，因此呈现出多样化的发展和变革特征。如英国的空间规划是以立法为主导带动规划变革，并与其行政体制密切关联，在威斯敏斯特体系的影响下，英国的政体在强调中央集权的同时也注重地方政府在中央分权过程中的自治需求，因此英国空间规划"国家 – 地方"的两级结构体系由来已久，虽然 2004 年在中央政府对地方规划的强干预下，首次将区域空间战略纳入法定规划体系，两级结构调整为"国家 – 区域 – 地方"，但从 2011 年开始伴随地方主义分权改革，规划体系又回到了国家和地方两个层级，地方政府被赋予法定的合作责任，担负跨区域协调的职责，并通过地方规划立法权，对城市发展中的优先性问题直接编制强制性内容以指导下位"邻里发展规划"的编制，这也就意味着由地方政府、企业、科研机构及非政府组织的代表所组成的"地方企业团体"成为了落实国家纲领的中坚力量，民众在地方发展中话语权也越来越大，从而形成了一种"自下而上"促进空间规划发展的模式。而在此模式引导下的蓝绿空间管控同样也是建立在一个由多元主体共同参与合作的平台上，因此英国的蓝绿空间与建成空间整合重塑带有明显"人本化"利用需求导向。

再如美国的空间规划体系是基于联邦政府与各州分权而治的政体而建立，由于地方政府是依据州立法而非联邦宪法产生，从而使地方政府的规划法基本都隶属于州立法的框架之内，因此州政府对地方发展的影响较联邦政府更大。而在此行政体系和法规体系下运行的空间规划体系包括 4 个层级："州规划 – 区域规划 – 地方综合规划 – 社区规划"。出于美国对州规划未立法授权的原因，规划因州情不同并结合地方管理需要而衍生出不同规划类型，因此同样是"自下而上"推动空间规划发展的模式在探索地方适宜性时却呈现出多样化的特征，这使得空间的整合与重塑范式也具有不同的导向趋势。

1. 关注持续利用的需求导向

在英国人本需求导向下的空间规划体系中，开放空间策略是在地方发展框架中落实宏观绿色基础设施战略并引导地区行动计划的重要内容。如从 1944 年的"阿伯克龙比规划"（abercrombie plan）开始，每千人拥有的开放空间面积标准、绿带和公园体系 3 项内容就是其关注的重点，但在 1956 年和 1976 年伦敦地方政府的官方政策文件中，增加绿色植被覆盖的开放空间总量以及按不同大小等级配置公园（近郊公园 – 城市公园 – 区域公园 – 地方公园 – 小型地方公园）被提及但没有受到广泛关注，直到 1991 年，以"绿色链"（green chain）为主题的开放空间策略被伦敦规划咨询委员会（London Planning Advisory Committee，LPAC）再次提出，通过一系列相互叠加的网络将开放空间连成整体，从而使开放空间更多面向公共性和功能复合性。在 LPAC 的推动下，1992 年英国首次针对开放空间出台了全国性政策导则，多地以此为依据结合当地情况开始对开放空间的质量和功能展开深入探索（表 2.1），相关学者也纷纷向政府出言纳策并强调开放空间对优化城乡空间格局的作用。2002 年，英国社区与地方政府部对政策导则进行修订，将城市开放空间划分为绿色空间和市民空间两大类。2006 年，《评估需求和机遇：导则详细指南》的出台为指导政府按导则实施编制和管理工作提出了一套可操作的标准技术流程，从调查居民所需、统计评估绿地现状到确定开放空间规划目标、编制行动计划文件，数量、可达性、质量是贯穿整个过程需重点考虑的三大核心内容，也是设立绿色空间建设标准的依据[74]，但由于地方绿地水平存在明显差异设置统一标准并不可行，因此先建立国家级标准以供地方作为参考，并结合当地实际情况设立地方标准编制策略加以实现。但从目前英国国家级专业组织对绿色空间中各类绿地设立的理想目标与地方级标准对比可以看出，绿色空间在英国"国家 – 地方"两级空间规划结构体系的引导下，虽然国家标准不强制地方政府执行，但却在层级间进行了有效传导，从而使国家层面的管理意图藉以统一的指标体系和标准的编制流程被地方具体落实。

表 2.1　20 世纪 90 年代英国地方政府及相关组织针对开放空间展开的研究概览

年份	政府部门 / 组织	政策 / 文件 / 报告 / 奖项	主　要　内　容
1992	伦敦地方政府	新大伦敦绿地规划	对城市公园的分级和服务距离标准进行更新
1993	谢尔菲德政府	公园复兴策略	在对城市绿色空间的功能和价值进行研究的基础上提出提升绿地质量的策略
1992	"自然英格兰"	城市中的自然空间	对城市中的"自然绿地"类型进行界定并提出面积和服务半径标准
1995	12 个地方政府	公园生活：城市公园和社会更新	从政策层面提升对城市绿色空间的重视，在新建项目中设立明确的绿地标准和建设要求
1996	英国政府	绿色旗帜奖	从"大众欢迎程度、健康安全、干净整洁、环境管理、生物多样性保护、遗产保护、社区需求、经营策略、管理制度"9 个方面设置评分标准

2. 关注有效保护的供给导向

城市化的快速推进使城市空间向周边的自然区域大肆蔓延，对生态环境造成的负面影响不断增加。对此，早在 1984 年联合国教科文组织的"人与生物圈计划（man and biosphere programme，MAB）"研究报告中就提出将"生态基础设施（ecological infrastructure，EI）"作为生态城市规划的五项原则之一。其后，众多学者从生态经济学角度对 EI 支撑栖息地系统持久生存的"基础性"展开论述，并通过构建由核心区、廊道等组分构成的生态网络保护生物生境以及生存资源。出于对"最低限度的生态结构对整体经济价值的贡献"的认识，美国马里兰州在 1991 年实施的绿道体系建设中提出与 EI 理念趋同的"绿色基础设施（green infrastructure，GI）"概念，只是相较于侧重生态系统和生物保护的 EI 而言，GI 更强调构建一个与空间规划体系相对应，贯穿"宏中微观"不同尺度且相互连接的绿色网络结构，从而对城市增长过程中可能由开发导致的生态脆弱区以及具有较高资源保护价值的区域施以有效保护。1999 年，伴随着美国可持续发展总统委员会在《可持续发展的美国——致力于 21 世纪的繁荣、机遇和健康共识》报告中将 GI 提升到国家层面的重要战略高度，许多州政府、土地管理部门、研究机构、环保组织等都开始大力着手 GI 的研究与实践，其中最具代表性的是 2001年在马里兰州绿道建设基础上继续实施的"绿色基础设施评估"[75] 以及以法案形式推行的"绿图计划"[76]。

3. 兼顾保护和利用的复合导向

面对日益普遍的郊区化问题，与强调"先保护后开发"的 GI 理念不同的另一种规划思路是主动限制城市空间的增长，而划定城市增长边界（urban growth boundary，UGB）是 20 世纪 70—90 年代美国"精明增长"运动中政府采取的一种最为直接有效的管控城市形态的工具。如俄勒冈州（Oregon）早在 1969 年就将土地用途管制法定化用以控制城市蔓延，同时通过立法严格保护全州的农用地、河谷、森林、海洋等自然资源，至 1973 年，俄勒冈州"两级主体、三项程序、三个工具"的空间规划体系全面形成，按照全州共同愿景的要求，俄勒冈州的所有城市都必须以满足人口增长的用地需求，保护高品质农用地、森林、水域等自然资源为标准划定 UGB，可见城市增长边界同时兼顾了发展需求和自然保护两种功能，协调利用与保护的关系是其主要职责 [77]。

但实现了对自然用地有效保护的同时，人口不断增加对土地的刚性需求也在递增，因此，高密度混合用地的土地高效利用模式成为城市的必然选择。面对复杂的高密度环境及多元化的人群需求，2006 年由美国华盛顿大学风景园林系联合政府及相关行业人员共同完成的西雅图城市绿色基础设施（Seattle Urban Green Infrastructure）规划，与立足于宏观尺度侧重国土及区域生态格局保护的马里兰模式不同，其聚焦的是"城市-社区-场地"中微观尺度，以"在保护中利用、在利用中保护"为原则，将绿地及公园系统、雨洪调节系统，包括河流、湿地在内的城市水系统、城市生物栖息地系统、低影响的绿道及慢行系统、都市农业系统、文化遗产系统等与既有城市结构与生活方式进行整合，从而使之成为一个承载生态、文化、游憩等复合功能的网络系统，为高密度混合功能的城市社区创造宜居宜业的整体空间秩序 [78]。

2.3.2　国内空间规划体系引导下的范式导向

我国的空间规划在 20 世纪 50 年代中华人民共和国成立初期为配合大规模工业化

建设，借鉴苏联模式初创以国民经济计划和城市规划为主要类型的空间规划制度，历经 60 年代以"战备"为中心和以"三线建设"为重点的国民经济计划转向。70 年代初城市规划工作开始恢复，改革开放政策的实施使全国的社会经济发展步入全新轨道，同时也使城市发展理念发生重大转型。80—90 年代初期，城市在国民经济发展中的地位和作用得到重视，全国各地开展的城市规划编制工作促使其法制化进程得以推行，同时国家对具有经济价值的自然资源如土地、矿产、水、森林等资源类型进行立法保护，对以风景名胜区为代表的绿色空间类型开始建立管理制度。90 年代中期伴随着土地有偿使用制度改革的逐步深化以及 1994 年分税制改革的实施，地方政府在承接中央权力下放后，城市发展的市场活力被激活，尤其是 2001 年中国积极融入经济全球化加入世贸组织，地方政府追求经济增长的意愿明显增强，城市规划成为服务城市增长的重要工具，并由此衍生出大量为适应短期增长需要的规划类型。面对日益激烈的城市空间扩张和耕地、林地、草地等面积的大幅消减，中央政府开始反复修改与自然资源保护相关的法律法规以加强对城市规划的刚性约束，同时各管理部门的空间管控意识空前高涨，反而引发了空间建设管理混乱的局面，因此"多规合一"是政府亟待破除行政障碍以加强空间治理能力和效率的迫切要求。经历了发达城市和地区"自下而上"的自发性探索和国家"自上而下"的授权式试点改革，2018 年国家机构改革，组建自然资源部将分散在多个部门的空间管控职能重新整合。目前伴随着国土空间规划体系顶层设计的层级传导，规模驱动城市增长的方式逐渐发生转变，存量供给和精准供给将成为城市空间发展的主要动力来源，蓝绿空间的有效利用和合理保护到落实。

1. 生产计划驱动下的园林绿化模式导向

计划经济时期，在优先发展工业尤其是重工业的方针指导下，城市规划是以工业建设为主线的生产计划所驱动的，因此城市的绿化建设与管理工作也是围绕工业化发展需求而展开。首先是中华人民共和国成立初期提出的"绿化祖国"号召，使植树造林和封山育林活动在全国范围内全面展开，而"绿化"是从苏联城市规划模式中引入的一个概念，旨在通过栽植林木逐步消灭荒山荒地，以达到减少自然灾害、调节气候、美化环境的目的；其后"大地园林化"是立足于城乡一体化，对改善国土面貌提出的高标准展望，城市规划对此给予积极响应，如早在 1958 年的北京市城市总体规划方案中，就将果园、菜地、林地、农田等作为绿化隔离带对城市建设区域进行"组团分散式"布局，以期构建起以生产为中心、同时满足生活需要的整体空间格局，但由于特殊历史时期政治、经济等的限制因素，加之行业对"园林"这一传统语汇的片面性理解，导致"大地园林化"的具体实践被局限在公园营建以及"变公园的消费性为生产性"的微观层面，并未从宏观尺度展现其作为区域规划导向以改善生态环境、整合城乡生产与生活、创造理想人居环境为目标的初衷。因此，这一时期的园林绿化模式，实则是"植树造林"背景下城市美化运动的前奏。

2. 增长竞争驱动下的内用外控模式导向

从计划经济向市场经济转型时期，在以经济建设为中心、发展社会生产力的方针导向下，城市规划成为地方政府获取生产增长竞争优势的工具，因此这一阶段的城市绿化与建设也带有明显的城市与经济偏向。而在改革开放初期，在人口激增导致的环境恶化、城市经济增长刺激政府投资市容改建热情高涨、长官意志增强的情况下，以及对欧美"气派"城市形象的追求等诸多驱动因素下，一场与西方百余年前如出一辙的"城市美化运动"在中国城市中迅速蔓延。1992 年，《城市绿化条例》的颁布以及《国家园林城市标准》的提出，使城市绿地的规划和建设工作走向规范化，但其目标导向依然指向指标管控下的城市绿化与美化，一时间城市特色湮灭、土地资源浪费、形式主义突出、人本精神丧失等问题普遍，尤其是以牺牲环境为代价获取资本积累和经济增长的粗放型发展模式使生态恶化愈加突出。2002 年《城市绿地系统规划编制纲要（试行）》（以下简称《纲要》）的制定以及 2004 年创建"生态园林城市""国家森林城市"的提出，都直指城市的生态环境问题，旨在引入生态学原理和系统学观念使城市空间与蓝绿空间协调发展，以强化城市生态的内涵和功能。但这一时期城市化进程显著推进，城市绿地系统规划的立场不自觉地偏重于城市建成区，强调从城市内部需求出发进行绿地分类、配置和管控，而对城市周边和外围生态环境保护和控制考虑欠缺，尽管在 2006 年实施的《城市规划编制办法》中，要求中心城区划定"四区"（禁建区、限建区、适建区、已建区）对城乡功能形态空间进行统筹布局，但其保护和管控意图无法贯穿规划体系的各个层级，因此限制和约束措施也就无法被具体细化和落实。

针对上述法定规划中存在的"重城内轻外围且整合不足"问题，以北京、深圳、广州、成都为代表的大城市在《纲要》颁布后，率先开启了以研究型专项规划的方式对法定规划进行适时补充的探索，以此应对快速城市化导致的城市无序扩张、环境迅速恶化等问题。其中，绿带、非建设用地、生态控制线、生态基础设施是推广应用较为普遍的非法定规划类型，而此时侧重于城市建设空间优化配置的法定规划与着力于城市蓝绿空间有效管控的非法定规划共同形成了蓝绿空间与建成空间整合重塑的"内用外控"范式。

3. 美好生活驱动下的城郊野融合模式导向

与上一阶段追求简单经济增长的城市发展方针相较，当前我国的城市化已从单个城市间的竞争转向城市群的协同发展，迈入生态文明新阶段后的社会主要矛盾也已转化为人民日益增长的美好生活需要与不平衡不充分的发展之间的矛盾，这些宏观变化都将推动城市发展价值取向从增量扩张向存量盘活、从追求增长速度向提升品质发生转型。而在这种"生态优先、绿色发展"的理念转换下，城市蓝绿空间作为塑造地方品质、满足人民美好生活需求的直接载体为城市规划所重视，并在空间规划体系变革的体制与机制保障下，城市建成空间与蓝绿空间的整合开始向着一种城郊野融合的范式转变，全域化的生态空间构建以及生态游憩资源的综合利用是其关注的重点。

2018 年《城市绿地分类标准》（CJJ/T 85—2017）经修编后实施，"位于城市建设用地之外、具有城乡生态环境及自然资源和文化资源保护、游憩健身、安全防护隔离、物种保护、园林苗木生产等"多重功能的"区域绿地"概念被正式提出，但"区域绿地"并不是此次修编增加的绿地类别，而是基于 2002 版绿地分类标准中"其他绿地"提出的新命名。与"其他绿地"相比，"区域绿地"更加符合生态文明导向下城乡统筹完善生态网络格局的空间发展需求以及以人为本完善绿地服务功能满足人民美好生活需求，同时针对"其他绿地"界定模糊导致的规划管控失效问题，"区域绿地"在城市、省域乃至更大区域内的适用性可有效衔接国土空间规划中"生态空间"的管控做统筹考虑。

另外，美好生活驱动下的城市发展转型除引导上述行业标准进行调整与之相适外，还促进了城市建设新模式——"公园城市"的产生。在空间层级上，区域公园系统、城市公园系统、公园化功能区系统、生态廊道系统共同塑造了一个城郊野融合、自然系统与城市肌理结构多维度渗透的整体。与强调形态美化的"园林城市"和生态可持续的"生态园林城市"相较，"公园城市"更加强调基于公共性和开放性的"人、城、境、业"的高度协调统一，它是对中国山水城市营建传统的继承与发展，也是中央五大发展理念引导城市发展模式和路径转变的实践探索 [79]。"公园城市"作为引领新时期城乡建设的价值导向，是将蓝绿空间作为促进社会善治和文化传承宣展的场所平台，通过对城乡绿地系统和公园体系的布局优化、扩容提质和内涵升级，改善其作为公共产品的供给能力和服务水平，并藉以公园化的区域景观系统构建新型的城乡关系，在对生态资源进行有效管控的同时提升城市景观品质、凸显城市风貌特色，最终推动蓝绿空间与建成空间共荣互促，激活多元复合价值实现以人民为中心的普惠共享。

第3章
基于博弈解析的整合重塑规划方法构建

通过分析贯穿于蓝绿空间与建成空间数千年整合重塑历程中的生态智慧累积，可以看出影响整合重塑发生阶段性变化的因素也随时间进程处于动态演变中。透过"空间结构影响力综合模型"可直观地解释整合机制驱动下空间的重塑动力。根据蓝绿空间所固有的自然属性以及建成空间所固有的社会经济文化属性，将驱动空间整合重塑的作用力分为自然力和非自然力两大类。古代时期的营城方略和军事治略等都是遵循自然环境的各类资源禀赋而形成，自然力的强烈规限作用"覆盖"了生产效率低下的时代背景中诸多非自然力的意图成为绝对主导，到了近现代商贸、交通、产业、文化、规划等主导空间发展的非自然力权重渐次加大，自然力原本的覆盖作用逐渐减弱，但自然的长效影响机制不会消亡，因此自然力与非自然力的宏观博弈具有永久性，是贯穿城市发展始终的基本动力。另外，以模型再度审视现代逐渐多元和错综复杂的非自然力，其间同样存在一种或多种占有较高权重的"动力"成为空间重塑的"决策"主导，非自然力之间的微观博弈结果决定了城市发展的方向。由于任一向度的"动力"均带有明确的意图导向和作用机制，其相互博弈的过程形成了复杂的合力网络结构，任何一个点上的施力都会通过网络向空间的各个方向扩散，从而使空间系统结构趋于多变和不可控（图3.1）。因此，本章引入经济学领域中对相互依存情况下主体的理性行为有较好解释的博弈分析工具，对普遍存在于城市发展历程中自然力与非自然力以及非自然力之间的博弈关系进行解析，以此作为构建蓝绿空间与建成整合重塑规划方法的认识基础。

3.1 自然力与非自然力的宏观博弈

3.1.1 主体平等关系下的"合作"博弈

在农耕文明时期，先民为满足生存繁衍之需对自然进行的改造，在自然强大的

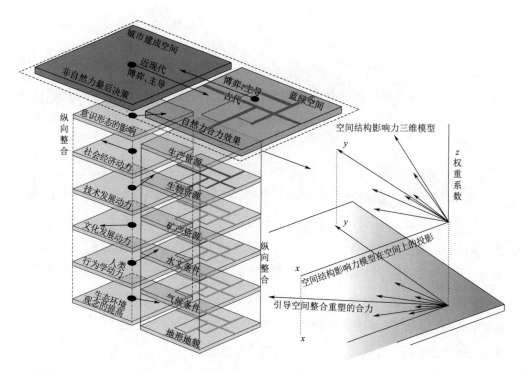

图 3.1　城市蓝绿空间结构影响力综合模型

再生和自我修复能力对比下，很容易形成人们对"自然具有无限威力和不可制服的力量"的可信性，而具有可信威胁是系统均衡稳定的前提条件，因此"敬畏自然、顺应自然"是农耕文明时期人与自然漫长博弈过程中的被动选择，而讲究相土尝水、相天法地，祈求天人合一成为这一阶段原始的混沌价值观。这种物质和精神层面的追求反映在人居环境的早期规划营造中，即为"自然的人化"与"人的自然化"的同一[80]，所对应的物质层面是辩证方位、体国经野、量地以制邑，度地以居民，通过勘察具有阴阳之力、土地之宜、水土之便的地方营建居邑，并通过复杂多变的布局敏锐回应生物气候条件，以求风调雨顺、年登岁稔；精神层面则要求人从为了生存而制造出的物质世界中解放出来，回归到自然所赋予人的多样性中去。可见，人通过有目的的劳动实践使不具备社会属性的自然开始接受"复杂化"，而人作为自然的物种之一，遵循自然法则即是遵循自身规律。伴随着物质实践积累中认识能力的提升，人与自然的关系从原始的自然崇拜逐步发展为自然与人本体平等的合作互促，而自给自足的生产关系也引导这一阶段的蓝绿空间与建成空间处于长期稳定均衡的状态。

3.1.2　个人理性选择下的"非合作"博弈

伴随社会经济文化的进步，人的创造潜力被不断激发，"人是万物尺度"❶的认识被广泛认同与继承，尤其是人类进入工业文明所迸发出的巨大自主性和能动性，彻底动摇了人对强大自然力的可信，甚至自然的价值与权力也在人类主宰的肆无忌惮地改造中被逐渐漠视，自然的平等主体地位逐渐丧失，这在西方近现代的生态失落中体现得尤为淋漓尽致。在人类扮演主观能动的主体、自然扮演被动客体的角色中，人与自然的关系也由"合作"转变"非合作"，而推动这种"非合作"关系产生的正是"社会化的人，联合起来的生产者"。每个人都以自己的效用或收益最大化为目标进行选择，希冀在一个自由市场经济中实现资源配置的帕累托最优。古典经济学代表人物亚当·斯密（Adam Smith）也曾在其著作《国富论》中有过这样的论断：当每个人都在追求利益最大化的"理性"❷选择下，就会有一只看不见的手，能够在无形中推动公共利益[81]。但事实上，市场并非像理想状态中那般不受任何约束，在不完全竞争、不完全信息、外部性❸等情况出现时，市场机制则无法实现资源的有效配置。经典的"囚徒困境"模型就刻画了博弈中在信息不对称的情况下，虽然每个人都从自身利益最大化进行抉择，但结果却使公共利益遭受了更大损害。这个模型表明：出于纯粹的个体理性原则的互动会陷入"理性自负"的"纳什均衡"❹中，从而很好地诠释了当前蓝绿空间与建成空间博弈蓝绿空间沦为弱势空间的原因。

1. 蓝绿空间产品过度消费的困境

在公共经济学领域，保罗·萨缪尔森（Paul Samuelson）根据物品在消费过程中是否具有排他性和竞争性，将其划分为两大类：公共物品和私人物品（图 3.2）。而公共

---

❶ "人是万物尺度"是公元前 5 世纪古希腊哲学家智者派代表人物普罗泰戈拉在其著作《论真理》中所提出的著名命题，到文艺复兴时期，这一观点得到了许多主张"人本主义"和"理性主义"的文学家、艺术家和思想家的认同，如作为启蒙运动代表人物之一的康德所提出的"人是目的，不是手段"则直指"人为自然立法"，这种极大唤醒人之"自我"意识的思想使人与自然成为对立的存在。

❷ "理性"一词最早源起于古希腊，是指人在正常思维状态下为实现预期，面对现状对多种可行性方案行判断分析、综合比较，通过逻辑推导而非依靠表象获得结论且对其有效执行的能力。

❸ 均为西方经济学名词，不完全竞争是指"市场中存在一定程度的垄断，某些经纪人对商品的市场价格具有较大影响力"；不完全信息是指"市场参与者不拥有经济环境状态中的全部知识"；外部性是指"一个人或一群人的行为和决策使另外一个人或一群人受损或收益"。

❹ "纳什均衡"为博弈论中的重要术语，是以著名经济学家约翰·纳什（John Nash）命名，又称为"非合作博弈均衡"，指的是"在博弈过程中，博弈双方都会不约而同地选择能够达到自己期望收益最大的策略进行决策"。

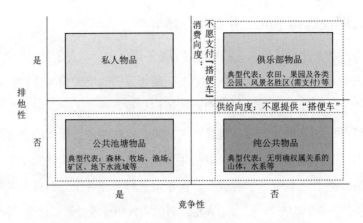

图 3.2　作为公共物品的蓝绿空间产品组分划分

物品又根据其是否同时具备非排他性和非竞争性，被划分纯公共物品和准公共物品。准公共物品在消费中，存在一个"拥挤点"，当消费者数目超过"拥挤点"后，竞争性和排他性便被激发，将消费上具有非竞争性但可低成本排他的形象地称之为"俱乐部物品"；相反，消费上具有竞争性，但却无法有效排他的称之为"公共池塘物品"。蓝绿空间兼具上述纯公共物品和准公共物品两大类的特征，其中大部分组分属于准公共物品范畴，如森林、牧场、渔场等在使用时有竞争性，但没有排他性，因其产权归属难以界定，在转化成本较低的情况下，享有均等使用权的使用者都希望自己的利益最大化，往往对这些公共资源进行掠夺式开发，加之市场机制无法提供制度规范，造成使用上的盲目竞争加剧从而使自然环境严重恶化，这即是加勒特·哈丁（Garrett Hardin）在"公地悲剧"❶理论中所揭示的现象。即使是蓝绿空间中产权相对清晰的部分，如耕地、果园、林地等也会在政体干预下的"寻租行为"中被大量侵占，而产权较为复杂的保护性用地，如风景名胜区、自然保护区、水利风景区、国家级公益林、森林公园等，由于存在多个产权所有者，每个当事人（部门）都有权阻止其他人使用该资源或相互设置使用障碍，反而导致有效使用权缺失造成资源闲置和使用不足或保护失效，这即是迈克尔·黑勒（Michael A.Heller）所提出的"反公地悲剧"❷。另外，蓝绿

❶　所谓"公地悲剧"，是来自英国经济学家加勒特·哈丁（Garret Hardin）1968 年在《科学》杂志上发表的一篇名为《公地悲剧》（*The Tragedy of the Commons*）的论文所建立的理论模型，他指出："有限的资源注定因自由使用和不受限制而被过度剥削"，并借用哲学家阿尔弗雷德·诺斯·怀特海（Alfred North Whitehead）对"悲剧"的定义，认为"公地悲剧"无法难免。

❷　"反公地悲剧"，是美国的迈克尔·黑勒教授于 1998 年提出的理论模型，他认为，哈丁的"公地悲剧"只强调了公共资源的过度消耗但却忽略了还有资源未被充分利用的可能性。

空间中还存在无明确权属关系或界定产权成本过高的纯公共物品组分，如山体、河流、湖泊、滩涂等，由于使用时具有非竞争性、受益时又具有非排他性，因此每个人都有不愿支付成本的"搭便车"想法，也无法排除其他人不支付便可从物品中获益的行为，这是著名经济学家曼瑟·奥尔森（Mancur Olson）在其所著的《集体性行动的逻辑》中提到的关键问题。而上述由产权和"搭便车"衍生出的一系列问题最终导致自然资源被过度消耗，并且在消费中产生的负外部性更显著地体现在"代际"影响中，如被严重污染的水体、被掠夺式开发的山体，这些在人与自然对立博弈关系中产生的恶果往往由后代人承担，这就更加诱使当代人倾向于选择能使当前利益最大化的策略，坚定"不合作"是合乎经济理性的选择。

2. 蓝绿空间产品供给不足的困境

在对蓝绿空间提供保护或供给时，同样是出于个人理性，每个人都担心他人会坐享自己付出之利，因此都不倾向于主动，最终导致单纯依靠市场或政府，蓝绿空间供给不足或保护失效的问题，如地方公园供给就是一典型例证（图 3.3）。公园供给是一种具有正外部性的经济活动，其所带来的非商品产出如地区环境提升、社区活动增强等都可使周边成员都受益，但由于很难对受益者的收益数量进行清晰界定，也就无法有效地将不支付者排除，因此免费开放的公园属于典型的公共池塘物品，但免费开放势必会带来消费者数量超过拥挤临界引发过度消费，同时供给者的直接固定成本和日常维护支出得不到补偿，则无法保障持续供给，即便是可通过财政渠道用一般性税收出资补贴，但长此以往又会造成财政压力，因此从保证供给和限制消费出发，收取门票实际上是一种将公共池塘物品转化为消费者混合供给的"俱乐部"做法，但如果按照市场的利润最大化原则对公园门票定价或是对公园进行私有化管理，进入公园的人

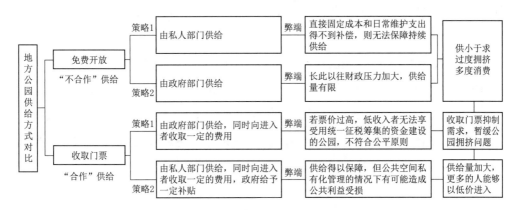

图 3.3　地方公园供给方式的对比分析

数又会受限远小于其承载量，从而造成公园资源的配置缺乏效率，同时也不符合公平原则[82]。由此可以看出，在致力于选择理性化策略来增进个人利益的"经济人"假设下，个人理性有可能导致集体非理性，无论是"不合作"或是"合作"，其结果都是无法兼顾效率和公平的困境。

3.1.3　永续发展追求下的"合作"博弈

如果博弈仅限于当前阶段，那么上述蓝绿空间过度消费与供给不足的发展困境是合乎个人理性选择的必然结局，但如果把这个困境放入无限重复博弈中加以考虑，也就是说人是基于可持续的目的与自然进行多次博弈，那么即便是出于个人理性，也有可能从长远利益出发选择"合作"，即综合评估自己的不合作行为有可能招致自然的"报复"，同时把后代人的福祉也纳入当代人的效用函数，那么选择牺牲短期利益、获得自然生态系统长期服务的合作均衡将会出现，尤其是面对当前环境恶化、资源枯竭、自然灾害频发的"信号"，人们已经意识到自然威胁自身可持续发展确实可信，因此主动选择与自然合作将有可能成为人们的理性抉择，而这种通过自发的方式达成的"合作"可使个体理性催生出集体理性。正如 2009 年获得诺贝尔经济学奖的埃莉诺·奥斯特罗姆（Elinor Ostrom）所提出的："人们不仅仅是会追求利益的最大化，当见到持续损失的时候也会自发地组织起来形成一些规则以减少资源的耗散"，这也就形成了多重参与者共同构成的多中心治理模式，这种模式跳出了公共物品仅可由市场机制或是政府管理的弊端，是解决"公地悲剧"的另外一种选择，也是破解个人理性选择下"纳什均衡"的一种途径，比如在上述地方公园的供给困境中，可在"合作"博弈的关系上建立由政府、企业、市民、非盈利组织等多种管理方式并存的公园管理模式，而越多利益方介入，其结果也往往更具有效率，同时也越有利于所有相关的人。

从上述人与自然宏观博弈的历程发展可以看出，"有目的的理性"是贯穿其间的"内核"和"原动力"，农耕文明时期"有目的的理性"是生存，因此蓝绿空间与建成建立起的系统内部关系是生存共同体，工业文明时期"有目的的理性"是资本积累，系统内部关系转为利益共同体，但伴随城市空间"嵌入"蓝绿空间的程度加深，系统内部矛盾升级，因此通过规划调节矛盾是寻求永续发展的"突破口"，由此衍生出现代城市规划的"理性范式"转变。借助博弈分析工具对这一变化中非自然力之间的渐进式调节修正过程进行解析，以此作为蓝绿空间与建成空间重复博弈进入新阶段的"起始知识"，从而为构建生态文明时期新一轮的整合重塑方法奠定基础。

3.2　非自然力之间的微观博弈

3.2.1　传统博弈思维主导下城市"增长同盟"的形成

在传统博弈论中，承袭的是新古典经济学中的"理性经济人"假设，也就是说参与博弈的个体所有出于"自利"的决策都是理性的，而在这种只关注实现自身利益最大化的行为导向下形成的是一种通过精细计算的方法以最有效的途径达到目的的理性，因强调工具与技术，所以称为"工具理性"或"效率理性"。在现代具有普遍效力的城市形态中，出于对形式逻辑和科学分析的一贯尊崇，以及对物质实体追求的一致认同，以工具理性为核心取向安排社会行动成为引导城市早期规划理论和实践的主流，由此衍生出"确定发展目标—设计行动途径—评估行动结果—优选实施方案"的"理性规划模型"[83]。该模型引入与演绎方法相关联的逻辑判断与计量方法，遴选出效用最大的方案对发展目标予以实现，而在理性模型的广泛应用中，物质上的极大丰富也有赖于支持城市空间规模增长的多元利益主体在博弈中形成的合力。

1. 规划作为助长城市空间增长的工具

借鉴已有城市空间形态演变机制的研究结论：政府力、市场力和社会力是影响城市发展的三个主要非自然力，因此政府、企业、社会民众、社区组织、非政府机构等都是驱动空间演变的多元利益集团，每个主体都力图争取最大决策权和话语权，从而使自己的价值偏好和需求倾向成为确定规划目标的依据[83]，并且在"理性经济人"的假设下，这些主体基于"自利"的决策都是理性的。因此，规划在面对多元利益主体相互博弈时，首先应建立一种"集体理性"以消弭个人理性的缺陷，但前提是规划的政治属性必须"中立"，且规划的价值属性必须是"公共利益"。但实际上，规划作为"政府的第四种权利"❶，政治上无法中立，而社会力在与政府、市场的博弈中因无法占据资源与数据处于绝对弱势，因此规划进行的利益协调主要是与主导政体达成

---

❶　塔格维尔（R.Tugwell）认为：规划是"政府的第四种权力"，与立法、行政、司法三种权力相同，规划的作用是运用政府权力对国家资源进行配置。这种认识产生于 20 世纪 30 年代美国的罗斯福新政时期，由于长期自发的资本主义无序竞争导致经济危机，需要政府进行适度干预，规划从早期服务于物质建设的设计行为逐渐发展为应用于社会管理的一门科学。

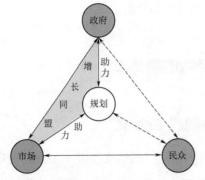

图 3.4　城市发展中的"增长同盟"示意图

共识而非真正意义上的"公共利益"协调。同时政府的"经济人格"又具有双重性 ❶，在市场盲目趋利的影响下，当地方政府参与市场行为时，通常从自利性出发做出决策，同时资本流动所营造的高度自由的竞争环境，促使地方政府与开发商、企业结盟，主张通过城市扩张实现经济快速增长，虽然这种不惜一切代价以牺牲环境谋求经济发展的城市增长模式被诟病已久，但土地在征卖过程中产生的巨大利差以及借助土地价格竞争引资所带来的巨大土地需求都在驱使城市持续扩张，成为从城市增长中受益的一切利益集团的"本能选择"，如图 3.4 所示，规划身处其间成为助长"增长同盟"拥有决策权的工具。

2. 政令传导失效导致蓝绿空间的锐减

由于我国长期形成的两级土地发展权体系，即中央政府基于国家利益和公共利益对土地发展权享有最高的配置和管理权，同时地方政府还享有将从中央获得的建设许可权进一步配置给集体或个人的权利，因此地方政府是限制和引导个体开发行为、平衡土地权益分配、协调多方博弈关系的关键，也是落实中央空间管制意图的保障[84]。但在由市场驱动下的地方政府借助规划的力量共同助长城市空间增长以获得规模效应时，即便中央政府立足于集体理性，从维护公共利益、整体利益、长远利益出发制定出相关规制措施，但也会在多层级的政令传导中出现信息机制扭曲和执行效果减弱的问题。如"耕地保护政策"自改革开放以来一直被中央政府所强调并要求严格执行，但在土地利益最大化的驱使下，地方政府则偏好于从自身利益出发对中央政策进行信息筛选，并且从中央到地方常设置有多个级别，每个级别的利益取向不一定都与上级目标保持一致，从而陷入有政令却执行阻力较大的困境。

由此看来，在传统博弈思想引导下的"理性规划模型"，其发展目标在多元主体

---

❶ 对于政府的"经济人格"，民众和经济学家往往具有截然不同的理解，民众指望的政府是秉公的，是能够合理干预经济保障社会平稳运行的，而一些市场原教旨主义经济学家拥护的往往不是政府，他们认为政府失灵是普遍的，但与实际更加相符的是：政府的行为和动机具有双重性。而只有当民众参与和决策集中都保持高度的情况下，社会秩序才会井然有序，这也是德国社会学家卡尔·曼海姆在其著作《变革时代的人与社会》中所提出的理论，从而引发了规划理论史上关于在自由开放的社会引入政府干预必要性的"大辩论"。

的利益博弈下实际上是由支持增长的同盟进行决策，由此产生的结果必然是城市空间的急速增长和蓝绿空间的大量锐减，究其原因是关注"效率"的工具理性在应对人与人之间的微观博弈时，只关注自身行为是否达到利益最大化，从而忽视了理性在人与人互动中的演化和成熟。

3.2.2　演化博弈思维引导下对城市"理性规划"的审视

当蓝绿空间锐减，城市"规模经济"转向"规模不经济"的负外部性逐渐凸显❶，本地资源环境无法承载、城市运营成本大幅提升、应对突发事件能力减弱等一系列问题相继出现，人们所付出的代价远超于扩大规模所创造的收益时，"根据已知条件、实现既定目标"的理性规划模型遭到广泛质疑，作为模型的立基和科学性的关键所在，即提出的目标是否理性成为争议的焦点，由此引发城市多元利益主体之间的博弈讨论，推动传统博弈思维向演化博弈思维转变。

演化博弈摒弃了传统博弈理论中行为主体是完全理性的假设，正如"有限理性"的主要倡导者赫伯特·西蒙（Herbert A.Simon）提出的"人的行为只能是意欲合理，且只可能是有限达到"。而人的有限性在奥利弗·威廉姆森（Oliver E. Williamson）的"契约理论"中被归纳为两个方面：一是人的认识能力有限，无法在获取、存储、追溯、使用、加工信息的过程中都做到准确无误；二是人的表达能力有限，无法让他人完全理解自己的知识，因此选择建立契约关系促进合作关系，从而降低交易费用，而在人的有限理性认识下理性规划所追求的最优决策是难以实现的 [85]。

在演化博弈中，基于一种将博弈分析和演化过程分析结合起来的动态分析方法，行为人基于前向归纳法，根据历史经验选择不同的未来决策进行"试错"，由此催生出价值理性，即行为人不看重选择行为的结果，而是关注行为本身的价值是否实现，并以特定的价值理念审视行为的合理性。它不排斥工具理性的目的实现和个人理性，但不以追求功利为最高目的，更强调目的是能够兼顾个人与整体和谐共赢且长远发展。在价值理性的视野中，人的有限理性客观存在，所以一切规划行为都是对人的主观合理性需求进行不断修正下的建构。

---

❶ 按照经济学基本原理：在一定边界条件下，规模效应会随着规模的过度扩大而集聚降低，并最终导致代价超过收益，规模进一步扩大的负外部性成为主导力量，进入"规模不经济的状态"。另外还可从系统学的角度对这一状态加以解释：各种经济要素的聚集使系统内部各组之间的联系增强，系统的发展速率降低、刚性随之增强，从而导致系统自身的灵活性下降，也越来越容易受到各种因素的干扰。

1. 规划作为对理性规划模型的修正

基于演变博弈中有限理性的认识，城市规划在回应蓝绿空间与建成空间系统始终保持的非终极式开放状态时，其理论模型发展轨迹也呈现出多向和非线性的特征。如图 3.5 所示，"系统规划""程序规划"试图通过对城市发展的过程进行监测、分析和调整，以适应外部条件的变化，从而对理性规划模型进行纵向深入修正。而"渐进主义规划"和"混合审视模型"是在有限理性的认识下，重点关注在现实约束条件下如何实现规划目标，究其指导思想依然属于工具理性范畴。"倡导性规划""协作规划""协商规划"等理论的提出则代表规划思想内核开始从工具理性向价值理性转变，研究重点引向规划的价值判断以及对参与主体和利益主体的关注，继而横向补充修正理性规划模型 [86]。由此可见，规划作为顺应某个时期城市发展需要的制度安排，实则可看作是多次动态博弈选择机制下达到的某一个均衡状态，因此其技术手段始终是与时俱进的，同时特定的社会背景也决定了规划的指导理论只具有相对合理性而处于不断修正的过程中，故不可能存在一个放之四海而皆准的技术框架和运行体系能解决所有的城市问题 [76]。因此，规划作为助长城市规模增长的工具只是阶段博弈的结果，在演化博弈思维主导下的规划行为人势必会审视蓝绿空间锐减后的后果，虽然这种对后果的了解在有限理性的限制下非常零碎，却能引导规划对未来城市发展做出相对合理但不可能是完整的价值判断。

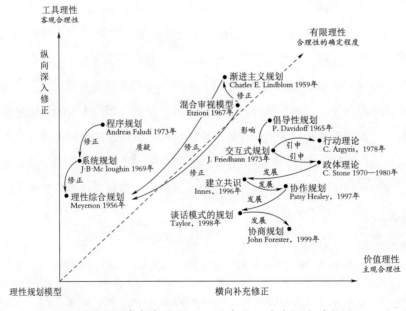

图 3.5 演化博弈中规划理论的多向及非线性发展轨迹

2. 多规合一推动蓝绿空间与建成空间整合重塑

我国的国土空间规划体系还未统一建立之前，在我国的制度特征下形成的是一个横向基于部门平行分工与制衡、纵向基于分层审批与行政监察的空间规划管理架构。由于蓝绿空间与建成涉及多元化的利益主体，各部门主体间由于利益的相互重叠以及目标导向的显著差异，所形成的竞争可作为各类空间规划博弈的动态选择机制，而在争夺土地发展权的博弈中能够获得较高"支付"的策略即成为各类空间规划的"选择"[36]。从多规博弈的支付矩阵（表 3.1）可以看出，当 R-C ＜ I，也就是合作的成本大于规划编制、实施难度降低带来的收入时，无论规划部门 B 是否选择合作，规划部门 A 在不合作时所获得的收益始终大于合作时所获得的收益，反之，规划部门 B 也是如此。因此，对于两个规划部门在均不合作时达到了策略纳什均衡，由此造成空间规划部门分治、政出多门的问题，加之层级规划纵向缺位，更促使各类空间规划的管制内涵不断外延，规划打架、信息封锁问题成为蓝绿空间与建成空间秩序合理构建的制度性约束。而各类规划基本都遵循"分区管制"的思路，通过设立或限制土地发展权，以强化其自益主体因土地利用而引发的暴利和暴损行为的主导作用。这种主动扩权的行为一方面反映出规划主体在特定社会政治经济背景下对价值判断的反思，但另一方面势必会带来各部门行政权力界定模糊地带的相互掣肘，尤其是以非建设性为主要特征的蓝绿空间，其管控职能分散于原国土、林业、农业、水利、环保等多个部门，就连原本"一书三证管建设"的城乡规划也在区域性法定规划缺位的情况下，与多部门共同参与到蓝绿空间的管控中，其设定的"三区四线"以城市开发建设引导为利益取向，但同时也兼顾蓝绿空间的保育调控。与之相较，土地利用总体规划提出的"三界四区"和"三线两界"是以建设用地空间管制为手段，强调耕地、基本耕地资源保护的管控体系（图 3.6）。可见，种类繁多的各类空间规划出于不同的价值判断方向，

表 3.1　多规博弈的支付矩阵

规划部门 A	规划部门 B		
		协作	不协作
	协作	R–C , R–C	–C,I
	不协作	I,–C	0,0

注　R—通过协作获得的收益（其中包含协作后从对方获得的信息收益 I 以及相互配合降低规划过程的难度所获收益）；C—放弃部分行政权力进行协作的成本。

资料来源：林坚，等 . 空间规划的博弈分析 [J]. 城市规划学刊，2015（1）：12。

在同一区域内制定出涵盖内容不相统一的类型分区和管制措施，从而导致规划在编审、实施、督查过程中难以协作，单一部门以优化配置、高效利用空间资源为管控目标的收益均未实现反而是越管越乱。

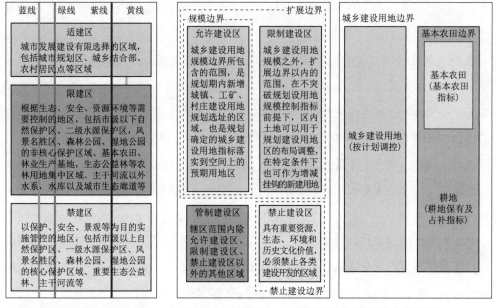

图 3.6　我国空间规划体系变革前各部门规划的"主动扩权"

　　面对上述多规博弈导致的政府行政效能下降，地方政府首先从寻求规划技术标准的统一和推进融合管理的体制机制两个层面开始进行"自我救济"式的改革途径探索，但来自源头的空间管控体系混乱问题并未得到真正解决。在缺乏顶层设计和统筹主体的问题导向下，国家机构全面变革，将空间规划的职责统一划归自然资源部门，并制定出"五级三类"的国土空间规划总体框架（图 3.7），以强化其对各级政府、政府各职能部门以及市场中行政相对人行为的约束指导作用，与此同时，提出以资源环境承载力评价和国土空间开发适宜性评价（双评价）作为国土空间格局和"三区三线"（图 3.8）划定的重要支撑依据，则充分体现出国土空间规划编制中兼顾工具理性和价值理性的整合向度，以此推进"多规合一"。

　　伴随"多规合一"的深入推进，围绕土地发展权展开的激烈部门竞争被转化为内部协同，同时这种被激发的协同机制也将引导地方政府把"经济人格"逐渐从职能中抽离，回归到"服务型"的政府角色，向上主动对接上层政治权力的宏观管控要求，落实刚性管控与底线约束，向下为满足当地社会公众的实际需求提供服务，同时在城市规模控制与投资带来的经济增长之间做出取舍，推动规划在市场导向下作为助长城市增长的工具向协调各方利益、在多向发展目标中达成共识的本质转变。但值得注意的是，在空间规划管控体系横向整合后将对跨部门协作提出更高要求，另外在纵向严苛的"央地"管控中如何激发地方活力的问题也会逐渐凸显，而这也是新时期蓝绿空间与建成空间整合重塑规划所要回应的改革需求。

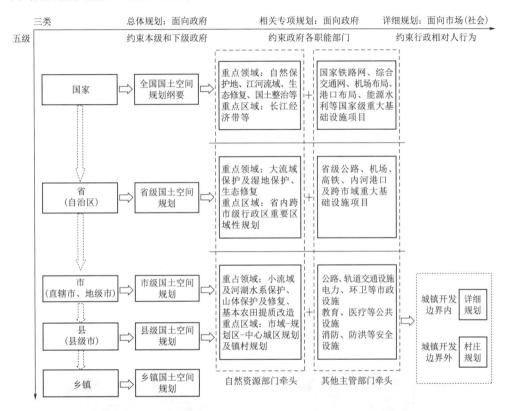

图 3.7　我国国土空间规划体系的"五级三类"总体框架

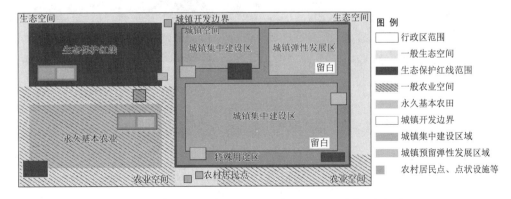

图 3.8　我国国土空间规划体系"三区三线"示意图

3.3 整合重塑规划方法构建

3.3.1 认知整合重塑的对象特征

从人与自然的宏观博弈视角审城市空间系统，是建成空间持续"嵌入"蓝绿空间的"历时性"过程，从非自然力之间的微观博弈视角审视城市空间系统，表征出的是自然、经济、社会、文化、技术等系统要素在某一特定时期的"共时性"关系。因此，从历时性和共时性的辩证统一视角综合审视城市空间，由于各系统要素之间总是处于相互作用和能量交换的博弈状态，故蓝绿空间与建成空间是一个不断发展演进的开放系统，从而具有以下三个典型特征：时空关联性、结构网络化、过程非线性。

1. 时空关联性

作为时间层层积淀的产物，蓝绿空间与建成空间系统，具有与不同历史时期地域政治、经济、文化因素的关联性以及随时间变化的动态性特征。引入城镇景观遗产保护研究中的"历史层积"和"价值关联"观点，任一"时间片段"上的城市蓝绿空间与建成空间的"镶嵌"格局都可视为是不同时期人们对物质和精神的需求在自然环境中的"映射"，而在卫星影像图中显现出的"水平分异"现象也反映出城市蓝绿空间与建成空间系统整合过程中的层积规律，如图3.9所示。

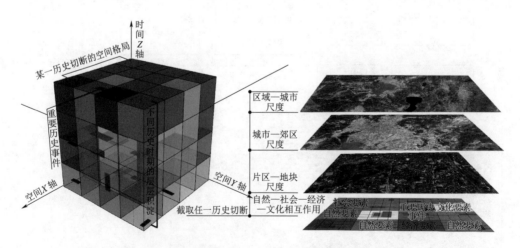

图 3.9　蓝绿空间与建成空间系统的时空关联模型

2. 结构网络化

由于生态过程可横跨各种空间尺度进行物质能量的流动，因此催生了地表形式短期或长期的改变，同时这种改变又对能量流动的方式产生促进或阻断影响，从而使蓝绿空间与建成空间发生了从"层次"向"等级"的系统跃迁。根据等级理论所提出的"一个复杂的系统可以看作是由具有离散性层次所构成的等级系统",而等级系统又同时具有水平结构和垂直结构,从而在相互作用关系的交织下形成一个同步发展的网络化空间结构[87]。

由于蓝绿空间与建成空间系统划分的相邻层次之间具有包含和被包含的关系,因此属于巢式等级系统,处于系统中高层次的生态过程往往具有大尺度、低频率、低速率的特征,而低层次的特征与之相反,并且高层次具有下向因果作用,即低层级的行为受到高层次规律的制约,因此要全面了解蓝绿空间与建成空间系统的垂直结构,需对中心层次的上一层次和下一层次做一体化统筹[88]。另外,同一层次的组分间也是可分解的,但只有当组分间的相互作用强度为零时,才具有完全可分解性,如蓝绿空间与建成空间系统的每一个层次都可分解为诸多要素,而人向自然索取进行物质生产的同时,也在生产着经济、社会、文化等不同非物质层面的关系,一旦要素之间产生了知识交流、资源流动、能力互补和信息共享,系统的连接强度和频率即从"松散"向"耦连"渐强,"涌现性"❶就此产生。

3. 过程非线性

在"涌现性"作用下的蓝绿空间与建成空间系统的形成过程并非是两种空间的简单叠加,"非线性"是维系其内部组分之间相互作用的运动状态。当城市建成空间与周边自然环境不断打破"边界"进行物质、能量、信息交流以维系系统活力时,"界面"由此产生。作为同一层次不同组分间相互作用强度差异最大的地方,一个远离平衡状态且高度有序的"耗散结构"随即在"界面"的交互作用下产生。当交流持续,系统的无序性增强,直至产生新的"耗散结构"而步入新的稳态,这个从低级有序到高级有序的进化过程推动了系统的演变,也在由简入繁中产生了系统复杂的等级结构,并且在等级结构中不同层次间各种过程相互联动的"界面"上依然存在大量非线性作用,从而使系统的演变方向出现了大量分支,因此系统在演变途中充满不确定性和多样性。这也就解释了具有初始环境同一性的城市在发展过程中会呈现出差异性的原因,即使城市发展路径具有普遍相似性,但在各种要素的综合交叉作用下,使系统演化的阶段进程、结构功能等表现出极大不同,呈现出形态各异的空间发展模式。

---

❶　系统科学中的涌现性(emergence)是指当部分按系统结构方式组成整体,就会具有孤立部分或部分加和所不具有的特征、属性、行为和功能,可将涌现性理解为是引起"整合大于或小于部分之和"的原因,因此涌现是系统非组分加和的属性,是在"微观主体进化的基础上,宏观系统性能结构的突变"。

3.3.2 形成整合重塑的思维原则

面对层积过程中蓝绿空间与建成空间系统所呈现出的复杂性特征，"规划"作为对未来的现在决策，是引领整合重塑机制的制度❶安排。而人作为规划的"主体"，由于其需求具有多元、复杂和动态变化的特征，其中既有从既得利益出发的"自利"成分，也有从长远利益考虑的"他利"倾向，并且人在实践中获取外界的信息不完全又充满不确定性，加之自身处理信息进行决策和分析的能力有限，所以无论在任何时期，规划引导下的整合与重塑都是在人的"有限理性"中进行的综合权衡，这其中必然伴有对系统组分某些功能的取舍，因此整合规划的"非完全整合"现象非常普遍。虽然系统内各要素协调运作是不同时期人们所追求的共同理想状态，但是各个时期人的需求以及所掌握的知识能力不同，从而造成人在改造自然环境时的主动性和创造性在各时期的生态实践中存在较大差异，而引导整合重塑的生态智慧也在迭代就是时空维度非完全整合性的具体呈现。另外，出于人们认识与决策的有限性以及具有不同的价值偏好，使得空间的整合重塑规划范式在诉求导向维度也表现出非整合性。

面对客观存在的人的"有限理性"所导致的普遍"非完全整合"，整合重塑规划应在人与自然"合作"博弈追求永续发展的共同"契约"缔造中，运用"主体间性思维"建立规划价值判断，运用"底线优先思维"在"有限理性"的认识局限中寻求应对变化和不确定性的策略，运用"演进韧性思维"主动介入矛盾的问题情境促使维系人与自然互惠共生的技术与规则产生。若从博弈论的视角诠释这三种思维原则，可视为整合重塑规划应对空间系统内部"囚徒困境"的三种解决方案：主体间性倾向于通过建立人与自然的重复博弈达成合作；底线优先倾向于通过对底线的刚性约束和有效监管改变博弈报偿，以层级节制的方式促成合作，但这种制约往往是自上而下的；演进韧性思维则更倾向于在诠释非线性系统的演进过程中，通过规划协调建立规则契约实现适应性共管❷（adaptive co-management），增强系统韧性。

1. 主体间性思维

伴随人的主观能动性的增强以及主客二分思维的影响，人与自然的关系从平等转

---

❶ 制度一般包括体制和机制两个层面的内容。体制是系统在某一时间点所处的状态，机制是系统历时演化的过程，因此体制是演化的起点或结果，而机制是驱动演化的动因和路径。

❷ 适应性共管是"一个通过自组织和学习不断测试和修正制度安排和生态知识的过程"，它是将系统内资源使用者视为管理的一个重要主体，通过集成不同知识系统，在多层级间分享权利，从而使利益相关者更多地参与决策制定。

向征服，自然成为人类主体施以改造的被动客体，而在人类主宰下的自然逐渐显现出多重危机。因此，建立主体间性是消解人与自然对立的根本出发点，正如尤根·哈贝马斯 (Jurgen Habermas) 所提出的"离开了主体间性，就无法形成规则意识，也就无法从规则中衍生出原则意识和价值意识"，同时基于伊曼努尔·康德（Immanuel Kant）提出的"无规则无理性"论断，即可得出主体间性是理性源泉的结论 [89]。故而，自然与人同等主体地位的获得是克服人类中心主义和自然中心主义的倾向弊端建立理性认知的基础，从而使人与自然从简单的主被动关系上升为相互交互，蓝绿空间与建成空间系统内相互依存且良性转化的结构基础由此构建。

2. 底线优先思维

蓝绿空间与建成空间是一个不断调适且处于变化中的开放系统，因此以人的有限理性是无法对其未来的所有发展趋势都做出准确预测的。因此，当以预测结果为依据进行目标导向的规划无法回应长期且复杂的变化时，"底线优先"的规划不失为一种逆向解决问题的思路，既然无法明确"能做什么"，可通过强化"底线"的控制和约束框架，先确定"不能做什么"，从而为处于急速增长的城市提供一个渐进且审慎的"答案空间"。目前我国国土空间规划编制中强调的"三条控制线"的划定及落地则是建立在"底线思维"上的重要技术规程和管控意图，"底线"的划定是以资源环境承载能力的极限约束作为数量约束，以国土空间开发的适应程度作为空间约束，从而重塑多目标（生态保护、粮食安全、经济增长）协同发展的空间格局。简言之，底线优先型规划实则是对单一目标导向型规划的补充，在城市不确定性明显增加且无法准确预测未来发展之势的现实情境中，底线实则给予利益相关者更多在约束框架中通过各自价值判断追求不同目标实现的自由。

3. 演进韧性思维

蓝绿空间与建成空间系统是一个在非线性作用下不断演进的动态系统，而演进韧性论认为："无论外界是否干预，系统的本质都会随时间发生变化，具有自组织特征"[90]。因此，规划在应对这样一个由自组织动力机制所驱动的复杂、无序、不确定的系统时，要做出对于未来的决策显然十分困难。但是演进韧性思维的要点就是在分析驱动系统状态发展转变的关键慢变量，了解系统突变的"阈值"，确定不同尺度的关联基础上，通过多样化的方法提升系统在面对变化和干扰时适应力和转化能力 [91]。这种思维将引导规划从"作为结果"的规划向"作为过程"的诠释性规划转变，从而与演进韧性论对"空间"的认知相契合，即"空间"是由各种要素相互交织的关系所构成的。因此，如果从空间生产的本质看整合重塑规划，实则是对各种关系的协调管理以达到化解冲突的目的，"规则"就此产生。规划可通过搭建广泛的社会合作网络作为增强系统韧性的一种方式，但需要强调的是，这种源于社会网络中的"多中心治理"方式并不是取代自上而下的高效政府管治，而是让多方利益主体形成互相监管的关系，即制约他方的同时也受他方制约，从而实现适应性公管的目标。比如，当上述国土空间规划"三条控制线"落地中出现矛盾时，"生态保护红线"优先的决策是在约束框架中规划主体权衡短期损失和长期利益后建立的"规则"，相关利益主体通过规划协调减少因诉求冲突所导致的交易成本，促使规则达成契约共识，最终实现规划的管控意图。

3.3.3　建立整合重塑的分析维度

通过对蓝绿空间与建成空间整合重塑历程中，人与自然的宏观博弈以及人与人之间的微观博弈两个层面的展开分析，可以看出空间系统的形成是在宏观微观诸多复杂因素综合作用下的演进结果，蓝绿空间与建成空间之间不断进行资源、能力、知识、信息的渗透与交换，由此承载各种有形、无形要素发生关系的场所——"界面"随即产生。由于界面上的要素有多种类型、多个层次，关系又错综复杂，可采用"模块化设计"的基本原理，将要素之间"多对多"的网络化关系利用要素之间的依存性梳理成"一对一"的关系，从而利用"界面"上相对独立的关系对整体性能进行针对性提升，实现优化结构的目的 [92]。

考虑到蓝绿空间与建成空间系统是在人的生态实践持续介入自然的过程中形成的混杂环境，规划并不能只为诠释"既往问题"，还要主动地回应不断变化和充满不确定性的未来。因此，立足于过去、现在和未来，从界面中梳理出相互依存的三个维度，使规划在描述系统的演进过程和内部交互作用的基础上，能够成为积极介入系统发展促使其走上正向进化之路的干预因素。"时间－空间"关联维度旨在解译蓝绿空间与城市空间在不同发展阶段的整合历程，挖掘时空演进过程中空间系统的整合重塑机制与规律；"表征－内因"关联维度从当前建成空间与蓝绿空间的"非合作"博弈表征入手，旨在说明政策导向、交通技术进步、产业升级等诸多非自然力的叠加效应，驱使系统处于逐渐失稳的状态；"技术－规则"关联维度是蓝绿空间在与建成空间的博弈中处于劣势导致系统失稳时，规划采取技术性的空间整合方式以增强自然力的刚性约束，并构建众多主体参与其中的规则共同维护自然力的长效机制，以此重塑系统稳定有序的状态。

1."时间－空间"关联维度

"空间"在哲学层面存在"绝对"和"相对"两种认知分歧，持绝对空间观点的学者认为："空间和时间是真实存在的，是无限延伸的容器"；持相对空间观点的学者则认为："空间是人们所掌握的基本先验性范畴，不同而且独立于事物之外"，因此，同样是阐述空间的理论也存在差异。在列斐伏尔的空间生产理论中，空间的本质实则是一种意识形态，政治环境、文化领导权以及权利关系等决定着空间的形成、变迁甚至消失，属于相对空间范畴[93]。但在曼纽尔·卡斯特（Manuel Castells）提出的城市空间理论中，空间被视为是社会的物质性表达，故而不同于列斐伏尔所构建的"抽象空间"，卡斯特所认为的空间"不仅是社会结构布展的某种场面，而且还是每个社会在其中被特定化的历史总体的具体表达"，这其中包含了时空关联的认识，即空间本身无特殊性，但与特定历史时期中现实的因素相作用后而赋予空间以不同的形式、功能和社会意义。另外，卡斯特在信息网络化极大地改变了原有城市空间的背景下提出的流动空间理论，则更加强化了这种时空关联的趋势，空间作为"共享时间之社会实践的物质支撑"，围绕着各种流，如资本流、信息流、技术流等所运作的"流动空间"成为当代"地方空间"的主导与支配性逻辑，而"地方空间"指代的就是我们的经验所感知、人生活其中具有身份认同的物质空间形式，一个"形式、功能与意义都自我包容于物理临近性之界线内的地域"[94]。

蓝绿空间与建成空间系统是在漫长历史过程中，地方社会、经济、自然三个系统综合运作下的产物，各个时期由知识、体制、文化构成的人类社会整体结构一直处于动态演进，且每个系统内的要素都与空间实践息息相关。由于系统内的要素组织方式是以某一时期占支配性地位的要素进行主导，因此，在时间累积中这些人工要素持续介入自然的整合实践势必会形成一个处于非平衡态的空间系统，这种非平衡的开放状态也促使建成空间与蓝绿空间不断进行物质和能量的交换，从而具备系统发展演进的动力。

2."表征－内因"关联维度

从推动系统从无序到有序、从低级有序到高级有序的演进意义看干扰因素，如民族文化的渗入、军事征战中的更新、城邑营建制度的建立、经济技术的发展带动、交通条件的改善、国家政策的引导、规划调控等，这些因素都可看作是系统发展的契机，表征为蓝绿空间与建成空间系统的整合重塑。可以说，上述这些干扰因素是驱动人工系统在与自然的博弈中获取资源优势的内因，当内因在非线性作用下被不断放大集聚，与之相伴的就是一个强势的城市空间"基核"的形成，这就是耗散结构理论中所谓的

"成核机制"，一旦基核稳定，以建成空间侵蚀蓝绿空间为表征的态势随即成为系统中新的稳定性的生长点，尤其是在当前多种内因不断叠加并不断涌现的情况下，这种空间替代在多个方向扩散，表征为城市建成空间的圈层式蔓延或跳跃组团式发展，而蓝绿空间也在历经多时、内容复杂的建成空间介入下也发生了功能迭代。在此过程中，建成空间不再是作为空间系统整体中的和谐局部，而是逐步演变为经济竞争的载体，通过竞争它占据了对自身发展有利的位置，致使蓝绿空间被替代或被功能置换。

当空间竞争导致系统内的差距加大并伴随整体利益的下降，协同机制则内生于竞争中，因此竞争与协同的相互依赖和转化是系统获得态势维稳或层级跃迁的动力。面对城市建成空间发展的压倒性局面，从整体出发的协同将催生一种共生和共栖关系的产生。当建成空间与蓝绿空间的整合机制形成，作为竞争的对立面在互适的过程中构成了紧密联系的空间形态。

3."技术－规则"关联维度

处于社会结构性转化过程中的蓝绿空间与建成空间系统，不仅仅是一种在工具理性驱使下的技术，还是一种在价值理性主导下的"关系性存在"。由于在价值判断的求"善"中也需要求"真"，建成空间与蓝绿空间整合机制要建立在因地制宜的技术进步基础上，但同时建立能够让人人可理解共享的"共同知识"也极为重要，也就是"规则"。而规则的建立实际上是整合重塑规划制度形成的过程，它包含三个层面的"规则"：一是人们在社会化学习以及实践过程中在认知层面达成一致的价值观，并以此价值观"以道驭术"，如"保护生态环境就是保护生产力、改善生态环境就是发展生产力"的理念以及"绿水青山就是金山银山"的论断等都是与我国当前生态文明新时代相契合的价值判断；二是规范性规则，它是在价值观的引导下产生，它使技术行为和应用得以驾驭和制约，并赋予其一定的权力，如在新修订的《环境保护法》中通过技术手段划定的"生态保护红线"从原先的政策范畴提升至法律范畴，以强化生态保护红线落地时对具有重要生态功能区域的强制性严格保护；三是对人们的行为活动进行干预、限制或激励的规制性规则，如对生态空间的用途管制以及生态补偿机制的建立等。

由此可见，空间系统的协同发展是技术与规则的相辅相成，面对多变的技术手段和极为复杂的社会网络，整合重塑的实践应遵循吴良镛先生提出"以问题为导向"、运用"复杂问题有限求解"的方法论，它是以人类的有限认知应对复杂巨系统的有效实践路径。其中，彼得·切克兰德（Peter Checkland）提出的"软系统方法论"为复杂问题的有限求解提供了一种从"问题的非结构化"出发进行系统思维的方式，与追求系统优化的"硬系统方法论"不同，其更倾向于将系统分析视为是一个学习探究的过程，切克兰德认为在人类活动系统中"什么是一个问题"本身就是问题，通过相互交流，首先对问题本身达成共识，这种对问题情境进行感知，继而从不同视角审视问题，最后提出可行的能够改善问题情境的变革，这种逻辑步骤更适宜应用于包含有大量社会、政治以及人为活动因素影响的复杂问题情境[95]。

3.3.4　聚焦整合重塑的问题情境

所谓结构元素是问题情境中不变或缓慢变化的元素，对应人与自然历时性博弈中蓝绿空间与建成空间的缓慢演进历程，过程元素是问题情境中不断变化的元素，对应人与人共时性博弈中对空间系统所实施的决策和变革，从结构元素与过程元素的交互关系中拟定问题情境，可在一个相对整体的空间系统认知下建立整合重塑规划的方法。

由于整体性是矛盾双方既斗争又统一从而推动事物发展变化的普遍规律，因此从聚焦西南山地城市极为突出的人地矛盾出发，将蓝绿空间与建成空间博弈中的结构和过程元素在"对立统一"的思辨中，概括为以下三个问题情境，从而在充满不确定性的系统发展演进前途中做出能够改善问题情境的有限"选择"。

1."适应"与"改造"

"适应"与"改造"的问题情境主要体现在"城绿犬牙交错"的空间形态特征中。受地形地貌的影响，山地城市的蓝绿空间具有明显的垂直和水平分异现象：垂直方向气候、土壤和植被沿高度呈现出明显的带状分布和类型变化，水平方向在高度、坡度、地形起伏、气温、降水、风环境等众多环境因素的综合效应下形成无数个三维景观异质单元，即生态带（岛）或小生境[32]。而从众多山地城市所呈现出的"双三维"（自然环境的三维与人工建成环境的三维）复合空间特征中可以看出，与山地环境所固有的自然禀赋相适，并施以因地制宜的持续改造是山地城市空间长期演进历程中的生态智慧传承。但伴随工业化与城市化进程的推进，人工与自然适应协调的传统已在深度的社会分工中被逐渐瓦解，这种仅依靠生产机制链接的人群关系实则造成了社会群体间的分裂，故而城市作为社会经济的物态空间也从与蓝绿空间构成的整体中割裂，并在日益庞大的经济网络支配下试图构建一个以自身需求为主导挣脱自然束缚的"整体"。因此，借助现代工程技术对自然环境实施大规模改造，并对山地资源进行掠夺式开发成为当下山地城市建设共同逐利目标导向下的博弈选择。但整体生态系统退化中自然从"脆弱"中萌生出的"强大"，也使人们付出了昂贵的治理成本和代价，从而迫使人们重新建立与自然的合作博弈关系，在尊重并适应自然约束的前提下，转变城市强势增长的态势，重视开发改造的适应性，成为山地城市获得永续发展的新机制。

2. "限制"与"发展"

"限制"与"发展"的问题情境主要体现在山地城市"集聚间有离析"的空间格局演进过程中。这种格局是系统演进过程中与上述"适应"与"改造""保护"与"利用"共存的"选择"。同样，从对立统一的视角审视这种既是优势也是劣势的格局，优势体现在与城市建成空间呈犬牙交错的蓝绿空间中蕴含有特色组分较多且转化潜力较大的山地资源，如山地逆温、山地雾等气候资源以及溶洞、矿泉等景观资源，从而为城市发展山地旅游、生态农业、养生度假等新型产业提供了天然独好的条件[96]。但这种格局的劣势也极为突出，首先山地环境的难达及封闭，致使山地资源的功能价值很难发挥，如难达性阻碍了山地对外联系和对内沟通，使资源从自然生成物转化为社会生产要素的投入、运输、交易成本增加，而封闭性限制了资源配置对外部驱动力的响应，从而使资源开发脱离市场，潜在资源价值很难被挖掘。另外，山地环境的脆弱性表现在任何一种资源要素转化利用过度都会引发整体人居环境的退化，这一点在山地资源型城市空间发展的"路径依赖和锁定"❶中体现得极为突出。因此，一面是山地蓝绿空间中资源系统的客观局限，一面是山地城市空间生长的内生发展动力，通过规划干预激发蓝绿空间在改善城市生态环境、提升城市地域文化特色以及提高居民生活品质等方面的多重功能与整体效益，将限制性劣势转化为发展优势从而促成多元利益主体的发展需求达成共识，是山地城市统筹建成空间与蓝绿空间协调发展的新动力。

3. "保护"与"利用"

"保护"与"利用"的问题情境主要体现在"连续山水环境"构成的空间结构支撑体系中。山地城市的地表看似切割破碎但实则具有连续性，通过山脉、水系、林带等的串联作用构成了完整的生命支持系统，从而承载城市赖以生存发展的多种功能价值。但当下跨山、跨水发展已成为越来越多山地城市建成空间拓展的发展战略，驱使连续的山水环境被人工阻隔、大面积的山水资源被开发，并且限于粗放的经济增长模式，

---

❶ 路径依赖和锁定是经济地理学中用来解释空间发展演进规律的重要理论之一。早期的资源型城市依靠优势资源形成了特定的产业结构，并在报酬递增的正反馈机制下不断强化此单一路径，从现实看这种没有冗余的最优发展路径在外部扰动影响不大的情况下会使物质快速积累而发展迅速，但当资源出现衰竭或外部扰动增大时，这种发展模型所暴露出的脆弱性会使城市快速走向衰败，尤其是依赖具有不可再生属性的自然资源，通过"有意识的偏移"实现路径创新是行为主体在演化博弈中能动性和创造性的体现。

自然资源利用的增值效益普遍不高。比如，目前大多城市对山体资源的开发都仅停留在原矿、原煤、原木、原粮等初级产品和原状价值，且利用程度也很低。另外，城市建设中广泛推行的工程化措施，如地面硬化、河道渠化、水库兴修、地下水开采等使城市水文的完整性结构发生了根本改变，从而引发城市洪涝风险增高。因此，为扼制"广而不深"的开发导致灾害性的环境突变，对由连续山水环境构成的生命支撑系统实施全面保护迫在眉睫。但实践证明在经济发展与城市化趋于稳定之前，以"绝对保护"或"被动式防御"的规划管控难以推行，背后原因已在前文非自然力之间展开的博弈分析中有过论述。面对经济发展与自然保育这两个看似矛盾的对立面，兼顾"保护"与"利用"发展导向的整合规划是出于人的有限理性对工具理性和价值理性的不断修正，通过技术结合规则的方法重塑蓝绿空间自然本底，成为实现经济增长生态转向和公共资源产权转向新思路。

第 4 章
遵义市蓝绿空间与建成空间整合重塑的地方生态智慧

遵义是我国著名的历史文化名城，为黔北政治、经济、军事、交通中心，文化底蕴深厚。地处云贵高原的东北部，北倚娄山之巅，南跨乌江，属典型的喀斯特侵蚀地貌区，境内岩溶出露分布广泛。西北高、东南低的立体地形以及四季分明、雨热同季的立体气候，造就了植被类型的多样性以及垂直分布的特征，同时也孕育了丰富的物产资源，形成了世居坝地多民族的地方生态智慧。纵观遵义发展历史，按地区行政治理形式，可分为五个时期：春秋战国前的部族期、秦汉至唐中后叶的郡县期、唐末至明末的土司期、明末至民国的府县期、中华人民共和国成立后从县级市到地级市的快速发展期。基于西南夷早期多民族聚落的历史层积，遵义城市肇始于土司统治时期据险以守的军事防御体系，如图 4.1 所示，历经"跨河—绕山—跨山—合纵连横"的数百年变迁，遵义的城市建成空间从一平方公里见方的团城发展成近千平方公里的多组团，而自然环境在与规模不断扩张的人工环境持续博弈的过程中，蕴含着不同时期人与自然协同进化的生态哲思与生态实践智慧。

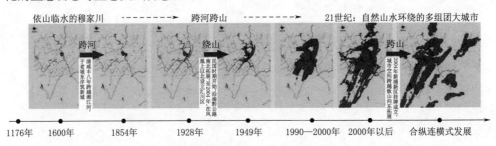

图 4.1　遵义城市跨越式发展的阶段示意图

4.1　西南夷早期"山地散居"的多民族聚落

遵义古文明历史悠久，最早的人类活动遗迹可追溯到距今 20 万年前的旧石器时期，当地雨热同季，生物多样，溶洞众多，为靠采集和狩猎为生的古人类提供了生活来源和庇护场所。到距今 1 万年左右的新石器时代，上古先民择大娄山麓、赤水之滨，渔猎而食，聚族而居，跨出了生息繁衍的早期历史步伐。殷周时期，遵义地区境属梁州之南，不在九州之限，是古濮人的聚居地，被称为"西南夷"。战国时期在鳖国境内，鳖国依附于西南霸主"大夜郎国"，是西南夷诸邦国之一。在秦统一中国以后，因废除诸侯封国而推行郡县制，就在夜郎东北部的鳖国地（范围在今遵义市东）置鳖县，隶巴郡。汉武帝开"西南夷"，割原巴郡、蜀郡的一部分，合置为犍为郡，以鳖县为郡治。后夜郎属汉版图，以夜郎之地置牂牁郡，下设 17 县，其一为鳖县。经三国、魏晋，鳖县仍属牂牁，建置相沿不改。唐贞观九年（635 年），以隋代牂牁郡的延江（今乌江）北岸地置郎州，下设恭水、高山、贡山、柯盈、邪施、释燕六县。贞观十三年（639 年），改郎州为播州，属唐朝直接管辖的经制州，仍辖六县。贞观十四年（640 年），改恭水等六县名，恭水更名为罗蒙，十六年（642 年）又将罗蒙县更名为遵义县，"遵义"作为地名始此，取义于《尚书》中"无偏无陂，遵王之义"。至乾元元年（758 年），播州领遵义、带水、芙蓉三县，治遵义县。唐中叶前的播州曾一度统领乌江以北的各经制州，范围大致包括今遵义市的汇川区、遵义县以及桐梓县、绥阳县的部分区域。

4.1.1　蓝绿空间的自然本底特征

遵义地处西南边陲，面积虽不及西南地区的 3%，但就其自然本底而言，却是西南地区地形复杂、地势险要、溪河纵横、箐林密布的代表之地，山川地貌、河湖水系以及植被资源作为蓝绿空间系统的基底和骨架，是聚落产生与发展的天然环境。

遵义所处的贵州高原，因毗连四川盆地，与湘鄂西山地交界，同时也是我国西南碳酸盐岩分布最为广泛和集中的典型喀斯特地区，因此境内地貌类型复杂且形态各异。据《遵义府志·山川卷》载："遵义，山国也，举目四顾，类攒崄巇，无三里平。偶平处，则涧壑萦纡，随山曲直，名之不胜名也，书之不胜书也"[97]，由此可见其山涧之多、地势之多变。根据亚热带喀斯特地貌的成因和组合形态特征，遵义的喀斯特地貌分为溶蚀、溶蚀－构造、溶蚀－侵蚀三大类型，并在峰丛、峰林、丘峰、岩丘与溶洼、溶原、溶斗、溶盆、溶沟等正负地貌形态的多样组合中，形成了姿态万千且极具地域特色的喀斯特景观。遵义境内有"峭壁插天、路通一线"的大娄山脉横亘，其北有赤水河、綦江、芙蓉江和洪渡河，均发源于大娄山脉北坡，总流向北汇注长江；其南有湘江、湄江，则发源于大娄山南坡，总流向南汇注乌江。在万山丛簇、江河纵横的喀斯特自然环境中，遵义古植被种类繁多，且在"冬不祁寒，夏无盛暑，四时多雨少晴"的气候条件下生长繁茂，如"茂林修竹、状如锦屏"的锦屏山，"万松垂阴"的砂冈山，"林壑隐秀，望之蔚然"的聚秀山，"林木丰翳"的金华山，"山水葱茏"的饭甑山，"巨峦深翠"的禹门山等。从诸多史籍中对遵义山水形胜的记述可见，温润的高原山地气候、充沛的水源以及丰富的森林物产资源为山居聚落提供了赖以生存和发展的有利条件，但同时复杂的喀斯特山区自然环境也给定居于此的少数民族先民带来较平原地区更大的生存挑战，因此为了生存喀斯特地区的人地关系表现为自然内在驱动力诱发下的人工适度干预，从而积累形成了与这方水土特殊自然地理与社会环境高度相适的生存智慧。

4.1.2　与山地蓝绿空间相适的多民族聚居格局

1. 山地蓝绿空间与民族聚落的整合历程

据史料记载西南山区在唐宋之际多"烟瘴"萦绕，加之山川险阻、交通闭塞，从而造成华夏传统士人对此区域聚居环境"瘴疠险毒、不堪居处"的偏见。自然环境的宜居性是影响中央王朝历代边疆治略的重要因素之一，虽早在秦汉之时便在此地设置郡县，开辟"五尺道"，但"化外之区""蛮夷之地"的认知隔阂以及"惟薄羁縻，治以不治"的统治策略逐渐形成了边疆民族区域鲜与中原沟通的封闭局面，因此当时的遵义重山复岭，陡涧深林，人口稀少，一片荒凉之景，其主要的人口结构以少数民族为主，而民族成分也常因生存空间的迁徙和部族之间的征战发生融合和分化。西南古代百濮、氐羌、百越、苗瑶四大族系在贵州境内交汇，当地世居的濮人与百越族系由于交错杂居，经济文化较为接近，逐渐融合为"濮僚"，成为遵义地区的早期开拓者，后经不断分化为多个单一族群，如布依、侗、水、壮、毛南、土家、仡佬等族[98]，从而形成与喀斯特自然环境同构的多民族聚居格局。

《魏书》有载："僚者，盖南蛮之种……种类甚多，散居山谷"[99]。《宋史》云："西南诸夷，汉牂牁郡地，唐置费、珍、庄、琰、播、郎、牂、夷等州，无城郭，散居村落"[100]。由此可见，西南夷早期聚落的聚居形式多以"散居"为主，而这种聚居形态的形成是西南少数民族与山地自然地理环境长期相适的结果，同时也是中央边疆治略下实行因地因俗而治的产物。早期先民为抵御外来入侵和洪涝择山而居，但喀斯特地貌在与流水、重力以及化学侵蚀的综合营力作用下，普遍存在坡地陡峭和地表破碎的特点，加之碳酸盐岩成土过程缓慢且风化成土过程在地表和地下同时进行，导致地表坡面上土层浅薄、裸岩凸起，可耕作的平整土地分散且非常稀少。亚热带季风温润气候虽降雨丰富，但地表水容易渗漏，不易汇水，对水资源的调蓄能力较差。而地形的起伏切割与海拔差异，也使山地区域的温度和水热条件具有明显的气候垂直分异，正所谓"山高一丈，大不一样"。在经济技术并不发达的传统农耕社会，地形地貌起伏切割、立体气候明显、水土流失严重、旱涝灾害频发的自然环境使择山而居或是逐溪而聚的少数民族先民面临着巨大的生存压力，因此喀斯特山区中的聚落营建体现出与复杂自然环境最大限度的相适。首先就聚落营建观念而言，从上古时期"散在山洞间，依树为层巢而居"，逐步迈入"随陵陆而耕种"的农耕时代，田土作为山地少数民族维持生计的核心，"靠山不占田，近河不靠岸"是不同聚落在营建过程中所共同遵循的朴素生态观，因此喀斯特山区中的住居形式无论是依山坡鳞次栉比或是沿河谷、平坝修建，多采用源自古越人"依树积木，以居其上"的干栏式，一则少占田土；二则适应当地潮湿暑热多雨气候；三则可避蛇虫鼠蚁和野兽侵袭。其次聚落营建方式多就地取材，利用石、土、竹、草、树皮等天然材料与喀斯特山地环境相生，并利用吊、架、挑、切、扭、跨等多种处理手法与"地无三里平"的起伏地貌相适，从而实现"取自然之利、避自然之害"，对自然环境改造最小的目的。此外，山地聚落在谋求生存与发展时对自然资源"取之有度、用之有节"是其维持生境平衡、应对生态环境脆弱性所约定俗成的自觉意识，而这种约束多体现在乡规民约以及各民族信仰中，如苗族先民自古崇拜树木，砍伐大树以筑干栏时，都需进行祭祀以示对自然的敬畏。《贵州林谚》中流传至今的"树木成林，雨水调匀……山穷水尽，林多水多……若要田增产，山山撑绿伞"[101]的经验总结，足见山地居民对山林植被涵养水源、调蓄雨水、防风固沙、保障农业丰收等功能的充分认识，而与山地林木垂直结构相适的传统生计带的形成，即高海拔地带农林牧交错，低山丘陵地带以林养农，低海拔坝区或流域河谷地带进行稻作耕种，则是山区聚落不断寻求自身持续稳定生存，从被动依附到主动适应自然的真实写照，表现为复杂山地环境中人群生计的多样性以及聚居形态的相对稳固性。

2. 山地民族特性对聚落空间与蓝绿空间的重塑

上述稳固的聚居形态在各民族不断迁徙和分化重构的过程中，山地民族特性中的多元因素，如民族的传统习俗、擅长的生产方式，民族信仰、民族关系等与复杂自然环境不断互动并相互作用，塑造出各民族在山地蓝绿空间中水平和垂直分布的选址偏好和多地带性。如西南氐羌族系与"东爨乌蛮"随着唐南诏势力的扩大进入贵州，择高海拔山区聚居，喀斯特土少石多陡峭山坡上生长的高山灌丛以及草甸为其发展牧业提供了有利条件，从而形成了在向阳山麓"上有山坡可供放牧，下有田地可供耕种"的高山聚落，以彝族、仡佬族、土家族，部分满族、蒙古族、羌族为代表，表现出散居山野、林牧兼营的特点。而"好入山壑，不乐平旷"的苗瑶族群多依山就势地分布在山区或半山区，因耕地稀少，基岩裸露的石缝地多，"刀耕火种""赶山吃饭"便成为其谋求生存的主要方式。但"刀耕火种"生计方式粗放且常年迁徙，山地耕牧也"随畜牧迁徙亡常"，故高山聚落和坡地聚落均不易形成大规模聚居，聚落分布呈现出"大分散、小聚居"的特点。另外，在喀斯特地貌区的溶盆、溶原以及河谷地带，由于地势较为平坦且靠近水源，因此适宜稻作便于聚居，且喀斯特地区的稻作文化历史悠久，可从远古时代分布在中国长江以南沿海一带的古越族进行追溯。据目前考古学的证据，距今 7000 年的浙江"河姆渡"有可能就是由古越族所创造出来的文化。从遗址中发现的稻谷、稻草和稻壳的堆积，可以推断古越人在秦朝向山区迁徙之前就已经掌握了水稻栽培技术。而僚人作为古越人的一分支，汉初便在夜郎地区设置的牂牁郡 17 县中均有分布，因此《汉书》中有载，夜郎作为巴蜀西南外最大的几个少数民族部族之一，"能耕田，有邑聚"[102]，后东晋"引僚入蜀"，自汉中达于邛、笮川洞之间，僚人后裔便在喀斯特山区择地势平坦、土壤肥沃、水源充沛之地进行水稻耕作、繁衍生息，与世居濮人不断融合、演化为善于耕种、所居之处皆河流经过的布依族，以及具有"稻田养鱼"传统的侗族、水族等多个民族，而这些与土地形成高度依赖的稻作民族，虽较依靠耕牧迁徙的民族其邑聚形态较为稳固，但喀斯特地形气候差异较大的特点使定居于此的邑聚规模效应很难体现，因此这一时期的山地聚落即便是地处空间较为开阔的平坝，也是形态零散，发展缓慢（图 4.2）。

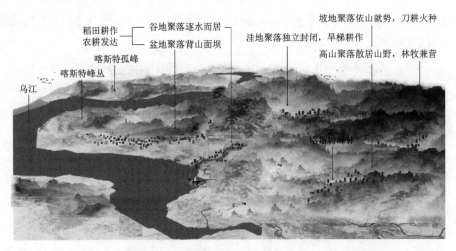

图 4.2　喀斯特山区中的聚落营建及分布特点示意图❶

---

❶　根据《贵州古代民族关系史》中的相关记载结合喀斯特山区的地貌特征绘制。

4.2　土司统治下"因山为城"的城邑体系

播州作为西南边陲的防御门户，是唐朝中央政权的大后方，也是关中地区南入东南亚、南亚的交通枢纽，自唐代置州起就显示出其重要的边疆战略地位。因吐蕃连年犯边，南诏势力日益庞大，唐王朝加强了对西南诸边州的经营，在乌江以北设经制州直接统治，乌江以南建羁縻州以为控摄，军政要塞型的治所城市也在此时大量修筑，但都是出于军事控扼和政治招抚，只是"将征战乃囤聚"，并未动用经费在州县治所修筑城郭，从而防止地方少数民族土酋以城为据点形成割据势力。后历经"安史之乱"唐朝由盛转衰，内忧外患自顾不暇，对西南诸州更是无力"经制"直管，播州逐步被当地大姓土酋所管控，史称"没于蛮"。罗荣入播，征服世居僚人，开始世袭土官统治。唐末南诏势力罗闽部攻陷播州，与僚人共同驱逐罗氏土官出走泸州。后杨端在唐与南诏拉锯控制播州之际，应募入播，与当地土豪结盟大败罗闽部族，朝廷遂任命杨端为播州首领，允许世袭罔替，播州至此进入杨氏时期，历唐末、五代、宋、元，直至明万历二十八年（1600 年）的"平播之役"，结束了杨氏土司对播州长达 725 年的世袭统治。播州在杨氏土司世袭 29 代的累代经营下，辖地大为拓展，元代在土司制度肇始之时发展极盛，南面已辖及今贵州乌江以南的广大地域达至凯里，北边辖及今重庆市的綦江、南川等地。而播州地区的行政建制虽随历代中央政府的行政区划调整以及土司制度的发展多有变化，但遵义作为核心区域其山川形便终古不易，并在播州土司"保境、守疆"城防理念的共同作用下，其山地蓝绿空间与城邑体系表现出显著的防御性特征及军事经略职能。

4.2.1　蓝绿空间的军事防御特征

据《明史》卷四十三《地理四·遵义军民府》载："遵义，北有龙岩山。其东为定军山，又有大楼山，上有太平关，亦曰楼山关。又东有乌江，源自贵州水西，即涪陵江上源，中有九节滩，其南有乌江关。又东南有仁江，东有湘江、洪江，皆流合于乌江。又西南有落闽水，东有乐安水，亦流入焉。又东南有河度关，西南有老君关，又东有三度关，西有落蒙关，西北有崖门关、黑水关。北有海龙屯，有白石口隘"[103]。由此可见，山山相连、江河相通的有利天然防御条件，奠定了遵义"介巴黔之间，控蛮夷之要""川黔有事，此亦基劫之所"的重要军事战略地位，关关相护、据险以守的人工格局昭示出此地历来乃兵家必争之地。正如平播之役的明军主帅李化龙在其所著的《平播全书》

中对播州险要地势的描述："丹岩紫涧，常截地而肠回；翠壁苍岩，每横天而巀嶭。羊肠鸟道，一夫可以当关；虎啸猿啼，万骑总为却步。加以腥烟幕覆，毒露纵横，上漏下蒸，坐见飞鸢之堕；前溪后陷，常有多蜮之灾"[104]，在如此复杂的自然环境之下，杨氏土司充分利用"西北堑山为关，东南附江为池"的天然屏障，自唐末便设守险隘，逐步架构起播州境内由关隘、侗寨、屯堡所构成的三道防线，以点控面、纵深防御，使周边"蒙茸镵削，居然险奥"的蓝绿空间都在其军事防御体系的控扼之下，从而使这个时期的蓝绿空间被赋予较早期聚落散居时更多的人工秩序及军事色彩。

4.2.2　与山地蓝绿空间相生的军事城邑体系

1. 山地蓝绿空间与军事城邑体系的整合历程

《遵义新志》将杨氏世袭统治播州的这段历史时期划分为三个阶段，从白锦堡到穆家川再到海龙屯，杨氏的城防理念走过了从山城到平原城再到山城的历时变迁，偏重于军事职能的山城与偏重于政治职能的平原城两者一直并行不悖，与庄院堰渠、寺观祠宇共同构成了功能完备的城邑体系[105]。古代城池营建始终与山形地貌紧密关联，因天才，就地利，强调的是安全庇护与资源之便，蓝绿空间作为地域自然资源分布的基底，在城邑体系内修政治、广修水利、灌溉良田、开辟交通、重视文教的层积过程中，与城市的政治、经济、文化、军事功能空间相互渗透，在城郊一体化的区域大空间内共同发展，但播州的城邑营建在土司的军事经略下所表现出的最大不同是各职能聚落自成体系，又因战时需要而相互协同运作（图 4.3）。

（1）从"山城"到"平原城"。据《杨氏家传》载，杨端军入播"迳入白锦，军高遥山，据险立砦……，为久驻计"，设治所于白锦堡❶世居此地 300 年之久，至南宋孝宗淳熙三年（1176 年）播州第 12 代土官杨轸将治所迁至"堡北二十里穆家川"，完成了其城邑体系从山城到平原城的修建。徙治穆家川是杨氏为壮大其势力与穆氏相争的必然选择，一为"旧堡隘陋"限制发展，二为占据最佳军事驻地。穆家川中部和东部地势较为平坦，便于居住与发展农业，北望龙山、南凭红花岗，府后山与凤凰山左右互恃、险峻天成，东邻湘江有舟楫之利，顺流直下可达乌江。迁治于此后即在胜龙岗（今碧云峰）西麓建宣慰司治忠孝堂，但未见修筑城郭的记载，居民散居四周，定

---

❶　白锦堡作为播州杨氏"首邑"，其址位于何处，史家对此一直众说纷纭，但区分"堡"与"堡治"后，文献记载相中互抵牾的各种说法将被厘清，"堡"为区域概念，与"今四川綦江南川一带"一说相互印证，而"堡治"，即白锦堡作为行政建制的治所，与"今遵义南 20 里皇坟嘴"的考古发现相互证合。

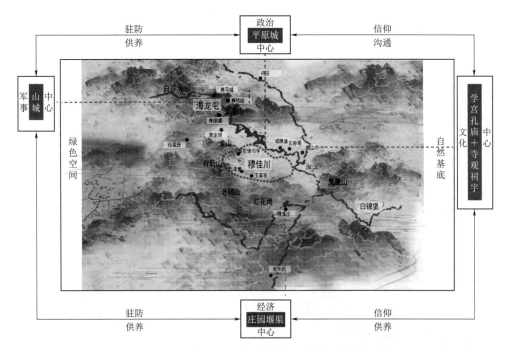

图 4.3　军事经略下播州城邑功能聚落关系图

期来此赶集，在湘江西岸逐渐形成街市，穆佳川随即成为杨氏统领播州的政治经济中心，但城邑规模较小发展缓慢。直至明洪武初年（1368 年）第 21 代土司杨铿重建毁于兵祸的衙署忠孝堂，明洪武十五年（1382 年）得朝廷批准，在山环水抱中正式以土筑城垣，为今遵义老城外围轮廓之雏形，后毁于播乱中。杨氏子孙主政播州历来崇尚汉文化，但自杨端入播的十余世间一直忙于部族征战、扩大势力范围，同时家族内部两族对据、纷争不断，因此疏于文教，直至南宋时期第 11 代土官杨选统管播州时，才开始注重发展文化和教育。自杨轸迁治，其弟杨轼着力招纳蜀中文人雅士定居城内，教导蛮荒子弟多读书攻文，文教之风日益兴盛。而后杨粲、杨价、杨文三代统治者均"留心文治"，修学宫、建孔庙、兴儒学，大力发展文教事业。明初在朱元璋下诏"诸土司皆立儒学"后，杨铿在宣慰司北建播州长官司学，进一步刺激了播州地区的教育发展，从而促使边区民族习俗渐化"俨然与中土同"。另外寺观祠宇作为民众精神及信仰的重要物质载体，在播州经济文化显著发展的背景下陆续兴建，与学宫孔庙共同形成了根植于播州山水的文化空间格局。从《遵义府志》中记载的遍及播州各地的佛寺、道观可知佛教和道教文化在播州境内的盛行，而种类繁多的各类神祠庙宇则是播州地区在传统汉文化兼容并包特点下信仰趋于多元的表征，其兴建多选址于自然的"襟带山水、藏风纳气"之地，如平原城穆家川周边山水环境中的万寿寺（治北龙山上）、大德护国寺（治东

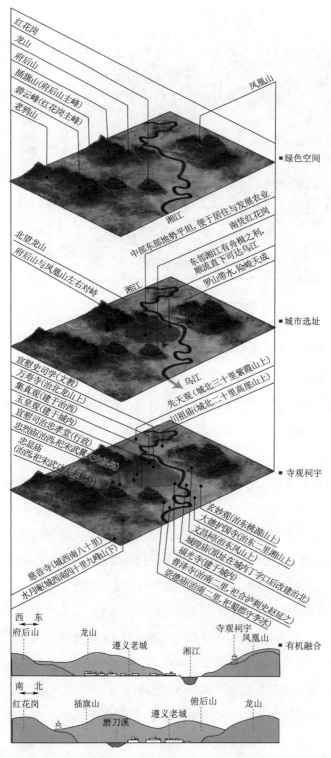

图 4.4　与蓝绿空间有机融合的平原城营建示意图

二里湘山上）、黄钟寺（城北四十里四境皆田）、瓦厂寺（城南五十里仙凤山上）、玄妙观（治东桃源山上）、先天观（城北三十里紫霞山上）、文昌祠（治东凤山上）、城隍庙（原址在城内丁字口后改建治北）、川祖庙（城北二十里高崖山上）等均可视为早期城市及近郊乃至山野地带的蓝绿空间营建，与自然山水及人工治理后的山水密切相关（图 4.4）。

（2）从"平原城"到"山城"。杨氏在经营平原城的同时，一直都在修筑其赖以保境、守疆的山城防御体系，其中屯堡作为乡里村民安宁无乱时的生产和庇护之地，多修筑于四周险绝之处，战时可在播州"军民合一、务农寓兵"的制度引导下迅速转换为兵家征伐、坚壁清野的战场，如在明代史籍文献中多有记载的青蛇、玛瑙、保子、长坎四囤，均易守难攻，且囷囷相连、互相雄峙，"四囷不破，终不能抵海龙"。而海龙屯作为西南土司屯堡的集大成者，是播州第 15 代土官杨文在宋元对峙之际为抗击蒙军铁骑，遵循"因山为城，以江为池"的古法，择龙崖山天险，沿用"据险立砦""就地取材"的山城营建经验，于"四周斩绝无门"的天然形胜之处"置一城以为播州根本"。明万历年间第 27 代土司杨应龙主播时发动叛乱，为防御官兵进剿以求自保，对海龙屯进行大规模重建，修关隘建衙署，进而形成"以海龙屯为老屯，以四围边界扎子囷，酋居中调度"的山城防御体系，而海龙屯因其具备中国古代城市"廓、核、架、轴、群"的所有形态特征要素，因此它是一座名副其实的城，但又有别于商铺林立、居民往来其间的平原城，其戒备森严，充分反映出历代杨氏土司在社会动荡背景下所形成的"因山为垒、寓攻于防"的山城营建理念，也使蓝绿空间呈现出独具特色的军事经略特征 [106]。平播之役明王朝调集湖广、贵州、云南、广西、四川等地兵力和土司军队，兵分八路围剿海龙屯，历时 114 天方才平定，可见其防御体系之缜密完善。

2. 农业生产与庄园经济对蓝绿空间的重塑

播州地区的经济以农业生产为主，历代兴修水利是保障农业生产的重要举措，而人对蓝绿空间的最大干预则多体现在对自然河湖水网的治理上。播州自唐末修筑"大水田堰"（今名共青湖）至明代陆续兴修水库塘堰灌溉工程，如今多数尚存且仍在蓄水灌田，如雷水堰、军筑堰、白泥堰、千工堰、八幅堰、官庄堰、芙蓉水、马搭塘、乡坪大堰等，这些水利工程的修建通过对区域水系统的持续调节，极大地改善了当地的农业生产条件，为喀斯特丘陵山地民众"变山为田"的生产实践奠定了基础。除了在平坝开垦田地进行稻田耕作外，还在山间开"畲田"培植茶叶、果树，放养蜡虫，并利用天然草地放牧牛羊、饲养家畜，农业、种植业、畜牧业的迅猛发展，很大程度上促进了播州地区的繁荣，同时促使封建领主经济日益发达。

自杨端入播凭借军事实力夺占僚人田庄，在播州确立封建领主土地占有制度，至明代几乎所有土地都归土官所有，先后建立起大量庄园，据《堪处播州事情疏》载，明成化十四年（1478 年），仅杨氏一族就占有庄田 145 处，种植稻谷、杂粮及麻类，粮食年收 600 万余石，另有茶园 26 处、蜡崖 28 处、猎场 11 处、鱼潭 13 处，有马500 余匹，牛 2000 余头，此外还设有专门供应蔬菜和肉食的"菜园""猪场"和"山羊屯"，有"漆山""杉山"栽植林木，设"机院"专司造布造锦，开矿山熬银冶铁、开作坊烧制陶及砖瓦 [107]，由此可见播州土司庄园是集农、林、牧、渔、手工业、矿业等多种分工明确的专业化生产部门为一体的庞大经济体系，严格的封建等级管理制度是庄园经济得以维系的基础，而播州统治者采取的"寓兵于农，且耕且战"政策也为庄园规模发展壮大提供了必要的人力保障。由于土司庄园占据良田沃地并建有官庄别墅，规模较大且人丁密集，而杨氏在南宋端平及淳祐年间为派兵入蜀开拓播州至渝州大道，元明之际致力于辟驿道设驿站，播州北经重庆、南历贵阳，川黔大道贯通可达各地，另辅以乌江、赤水河、湘江、乐安水等水路交通，播州与外界商贸活动日益频繁，从而促使地处交通要地的庄园逐步突破自给自足的封闭防御状态发展为作为区域性经济社会中心的大小集镇或县城，蓝绿空间也在人工与自然的持续互动中建立起一种清晰的协同关系，形成与城市动态发展保持平衡关系的区域景观系统。

4.3 平播之役后"一江两城"的古城格局

平播之役平定叛乱以后，明王朝实施"改土归流"政治变革，废除了播州世袭的土司统治，将播州故地纳入中央集权管辖，以山川形便为原则，在水西，以乌江、渭河（今偏岩河）为界，分设遵义、平越两府，并加"军民"二字，以便兼摄，并置二州、八县。其中，遵义县、桐梓县、绥阳县、仁怀县、正安州划归遵义军民府，府治设于"沃野数百里"的白田坝（穆家川），遵义县附郭，县治于府同城，隶属四川。另外，余庆县、瓮安县、湄潭县、福泉县、黄平州划归平越军民府，隶属贵州，皆由朝廷派流官治理。由于贵州自明代建省后，地瘠名贫，财政紧张，因此遵义军民府长期承担"协济"贵州粮饷的任务，至清雍正六年为增加贵州财力，遵义府由四川改隶贵州，称"黔北"。

4.3.1 蓝绿空间的山水利导特征

由于战火破坏，始于南宋穆家川四百余年的播州城化为焦土，明之初形成的街坊尽付一炬。平播后，分邑定治，俶兴版筑，城墙作为保护宫闱庙宇、有效防御外来入侵的重要手段，为明代地方府（州）县治所筑城时所重视，据绥阳、仁怀、桐梓、正安等各州县方志记载，播州改土归流后均有在行政等级制约下依次礼制用石头夯筑城墙的记载，但因山地环境的制约，战争造成的财政拮据以及战后人口锐减等诸多因素，府县筑城皆呈不规则城池形态且规模较小[108]。据《四川总志》载：遵义府"明万历庚子播平始建石城，西南倚山巅（府后山）无壕，东北临溪（湘江）为池，依山据水，高二丈，方九百五十丈四尺，垛口一千七百二十八，门四，东南西北[109]。"由此可见，遵义府城的城池选址与平播前大体一致，虽无史料证实由土司修筑的土城垣即为平播后所筑石城的基础，但城墙修筑皆因山水利导，如图 4.5 所示，古城选址、形制与地理环境紧密结合的做法是一致的。

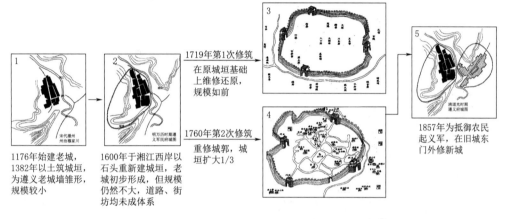

图 4.5　山水利导下遵义古城营建过程示意图❶

清代西南边疆地区由于持续不断的战乱以及中后期匪患造成的社会动乱，在沿用明朝遗留的城市基址时，尤为重视对迭经兵燹破坏后的治所城墙加以修缮和补葺，以达到筑城卫君、造郭守民的目的。遵义府城墙据《大清一统志》载历经两次修筑，清康熙五十八年（1719 年）是在明万历原城垣基础上维修还原，清乾隆二十五年（1760 年）的重修将城垣范围扩大三分之一，并增设炮台 12 个，枪眼 999 个，加修 4 座城楼，驻戍守之兵加强防御，另在东西门旁侧开三小门以泄山洪，减少自然灾害损失[110]。清咸丰七年（1857 年）为抵御农民起义军，在旧城东门外修新城建，至此筑郭于山环水抱天然屏障中的遵义双联城正式建成，老城东城垣依府后山而修，自然山体被纳入城市中，成为建设衙署苑囿、寺观园林的景观资源；新城城垣顺应水道而筑，坐享舟楫之利，商业市肆日益繁荣。这一"城山共融、城水相依"的形态特征，充分体现出蓝绿空间与人工干预相互交融，共同影响城市格局发展的历程。

---

❶ 根据《遵义城建志》中"城垣变迁图"以及《遵义府志》中"遵义府城图"改绘。

4.3.2 与山地蓝绿空间相融的双联城营建

1. 山地蓝绿空间与双联式古城的整合历程

（1）城市分区营建与区域蓝绿空间的融合。清咸丰初年，遵义地区蚕桑纺织、采矿冶炼、造纸、酿酒等产业发展兴盛，促使府城居民和商人不断增加，街巷在"七党二十坊"的聚居活动范围内不断拓展，贯通南北城门呈十字形布局，但与中轴对称、坊里内部设十字街巷的传统古城形态截然不同，遵义府城城墙绕山而筑，城门开启方向无法对称，与之连接的街道因形就势呈交错分布，形成城内衙署、市肆、居住、文教四大主要分区，府署、县署、城隍庙宇、会馆、书院等建筑群体依托周边山水环境分布其间，如图 4.6 所示，充分体现了管子所倡导的"因天材，就地利，故城郭不必中规矩，道路不必中准绳"原则。其中衙署作为城市中级别最高的建筑群，在筑城时优先考虑以引导城市空间结构，讲究所依托地理环境的最优化。明代遵义府署为播州宣慰司忠孝堂址，据胜龙岗西麓，因风水之说"脉散而不聚"，清代府署遂迁于胜龙岗中麓，即明代道署址。胜龙岗为城西南锦屏山一山冈，山中出二水，"一水出东麓，流入西门，为西门沟，贯城出东右水门，一水出中麓，为樱桃井，供樱桃街居人汲"[97]，由此可见明清以来府城营建对自然山水的适度干预，实现了人工环境与自然环境的和谐共生。

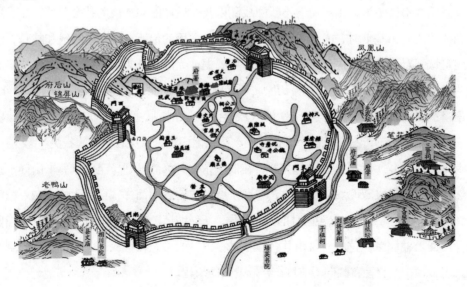

图 4.6 遵义府城营建与山地蓝绿空间的关系示意图 ❶

❶ 根据《遵义府志》中"清代咸丰五年遵义县城图"改绘。

（2）城市文教功能在蓝绿空间中的延伸。遵义自明初的播州长官司学教育素称发达，改土归流后更是注重城市的文教职能，在城郭外设府学，郭内依据礼制设文庙，尊崇儒学，后文庙多次迁址重建于清代府城东门外凤凰山左翼的笔花峰下，与庙同建的附属建筑有名宦祠、乡贤祠、节孝祠、汉三贤祠，后建魁星阁，这个建筑群曾是遵义之文风所在。此外城郭内外还广泛分布有官府或私人创办的教学机构，如府学、县学，并先后办有湘川、育才、培英等知名书院，为科举提供预习场所，还专设考院，可见当时遵义地区学风之盛行，另由私人捐款或利用祠堂、庙宇等公产创办吸收贫民子弟入学的"义学"则檄五州县各于城乡村里择地建设。在文风日盛、士人向学的极大热情中，产生于乐安江畔的"沙滩文化"在清乾隆后至清末明初的百余年间，对遵义乃至西南地区产生了深远影响。而自平播之役后为恢复地方经济组织大批移民入遵屯垦，信仰结构的多元以及同乡集聚的需求，促使各种宫、庙、馆、堂散布于城郭内外的山水之间，与代表中央王朝意志按秩序方位布局的社稷坛、神祇坛、先农坛等共同引领城市空间与蓝绿空间的整体布局。

（3）山水格局中的"双联城"整体风貌形成。沿袭明代府卫同城又军政一体的城市景观，城内左营、右营的军队驻扎以及城外演武场的设置，为时局安定提供必要保障，也为地方经济的发展、文化的繁荣奠定基础，加速了湘江河东岸城市的生长和景观集聚，但与城墙之内由政府营建不同，在湘江以东以今丁字口为中心形成的"三党十二坊"商业集镇纯为居民自发集聚而成，缺少军事防御，因此致使这一地区在清咸丰四年（1854 年）爆发的农民起义中被攻占，沦为两军对垒战场，集镇遭受重创[111]。为加强遵义府城安全，先在北门外加筑城墙一道，俗称"耳城"，战乱平定后又在湘江东岸由民间集资按原集镇规模修筑新城以加强防御。新城城墙东起凤朝关（今中华南路苟井市场入口），包桃源山、下临湘江、溯案直至万寿桥（今新华侨），再上青玉案，沿孔庙后山至笔花峰，经双荐山回接凤朝观。城门设三道，即迎恩、德耀、盘安，门上建城楼。城墙上设哨楼两座，一在双荐山顶（后改建为螺蛳寺），一在桃园山顶（后改建为七层砖塔以启文风）。沿江修水门三道，置栅栏定时启闭，供居民至湘江取水。后清光绪八年（1882 年）又修建一道城墙，将湘山寺围入城内，在离德耀门一里处再开一门，曰永靖（后易名为来薰门），并在新城对岸的回龙山和白虎头山下狮子桥不远处，辟一跳墩桥至西岸老城，而穿越老城的川黔古驿道也改道从新城穿城而过（沿今万里路、中华路和香港路一线往重庆方向），新城遂之繁荣[112]。至此，遵义背靠青山横跨湘江、新老二城以城垣对峙的"双联式"古城格局形成（图 4.7）。

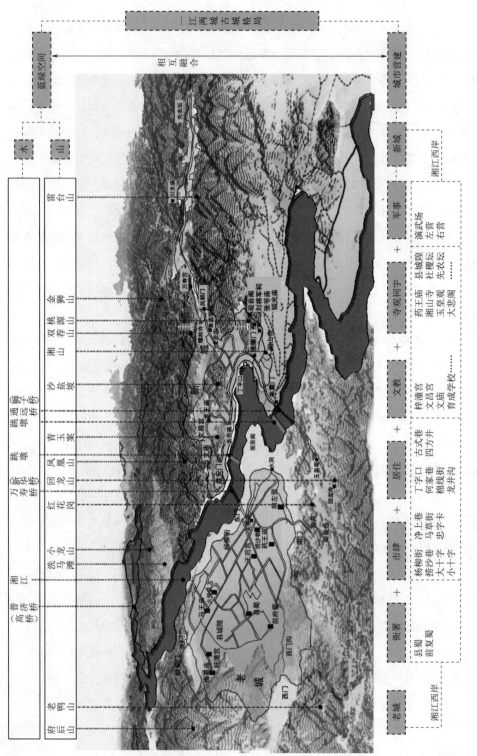

图 4.7 遵义 "一江两城" 的城市整体风貌示意图

2. 区域景观营造对蓝绿空间的重塑

通过对蓝绿空间中自然山水要素进行因地制宜的人工干预，遵义城形成了山水城林相互融合的整体城市景观风貌。从康熙年间最早被吟诵的"遵义八景"，以及遵义知府刘诏升所著诗歌《播州郡署八景》中所描述的"遵义小八景"❶可知，这个时期的城市景观已在文人雅士及历代官员的共同塑造下实现了自然资源与人文景观的高度融合，而到清中叶为民间抄贴者仿璇玑图式所制的《遵义景致》韵文（图 4.8），则是集遵义风景之大成，被乡人津津乐道广为流传，其所记述的遵义名胜古迹 50 余处，范围已跨越城市界限涉及城郊冬至乌江合口、西至金顶山、南至马坎关、北至海龙屯的广大区域。城郊浅山地区的风景营造与城市景观，通过风景资源的开发、河湖水网的开凿、历史文脉的渗透、标志性景观建筑的有序串联而融为一体，成为城市发展历史层积切断中的尤为重要的文化景观遗存。

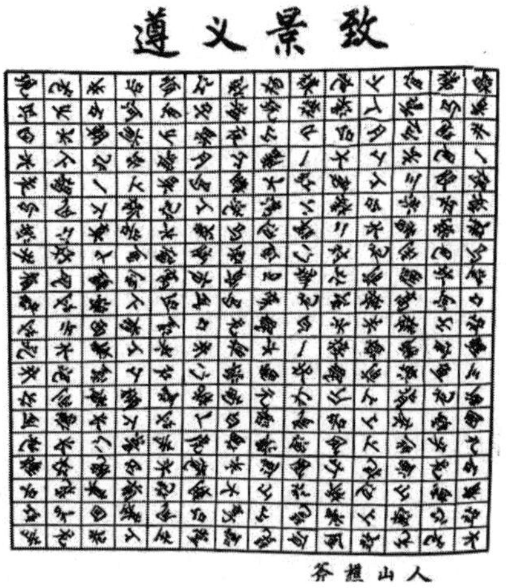

图 4.8　由民间高人所著的《遵义景致》韵文 ❷

4.4　民国时期"破城绕山"的点轴延展态势

民国初年，封建帝制的结束使"府"的建制被革除，原府、州、厅一律改为县，遵义府改为遵义县，隶属黔中道。后黔中道被废，遵义县直属贵州省，辖地经多次划出，最终形成城区之外的虾子、团溪、鸭溪、大桥四大分区，并筑川黔公路贯穿南北，遵松公路自遵义城区行经湄潭至思南，遵义北至桐梓、绥阳，西至仁怀，以牛渡滩（今观音寺河）为天然界限，南与开阳、息峰、金沙、瓮安四县毗连，城区东南至团溪、西南至鸭溪，均有公路可达。另外各场镇县城之间多就地取材铺设石板大道，交通往

---

❶《遵义府志》中所记载的"遵义八景"分别出自于诗人李锐所作的《咏遵城八景》以及遵义知府刘诏升所作的《播州郡署八景》，被认为是遵义城区的"大八景"和"小八景"。"大八景"为吴桥夜月、红花晚风、桃源仙迹、洗马滩鸣、凤山启秀、回龙锁水、白云钟梵、阵亭决胜；"小八景"为轩窗听莺、山房留月、虚堂接翠、杰阁来青、荷池疏雨、橘井饮泉、古槐卧荫、丛竹浮烟。

❷ 图片来源：《遵义县图志》（上）。

来频繁，而在高山密林散布农舍耕地之处，则以小径加强联络，由此奠定了遵义作为黔省首邑城乡一体化的发展基础。

4.4.1 蓝绿空间的资源供给特征

黔省多山，唯乌江以北始有宽广河谷，山间平坝面积也较大，自土司执政播州时便有锐意经营农业、发展庄园经济、修筑农业基础设施之基础，因此在遵义工业尚未全面振兴之民国时期，遵义人口大多仍以农为生，这一时期蓝绿空间的资源供给则集中体现在耕地上。

自民国以来，遵义县人口较清末的 20 万增加了近 2 倍，辖地面积有减无增，据民国三十年（1941 年）遵义县土地呈报统计数据，见表 4.1，耕地面积（851476.61 亩 ❶）仅占全县土地面积（6251.66 km² ）的 8.3%，其余可垦荒地不足 6000 亩，人均耕地面积不足 1 亩半，可见遵义县境内普遍存在地瘠人稠、耕地不足的问题，加之遵义城区的 7 万城镇人口多依赖临近乡镇辗转供给，城外四区乡民以每户平均 12 亩的田地维持全县生计已实属困难，因此农家副业无力经营，林产畜牧业也不发达，且此时的遵义农产贸易均为入超，足以说明资源供给与人口比例的失衡。

表 4.1　遵义县各区每户每人平均耕地面积

分区	耕地面积		户数	平均每户亩数	人口	平均每人亩数
	亩数	占各区面积比				
城区	9006.87	8.7	13075		72126	
虾子区	196015.26	8.3	18497	10.59	128449	1.54
团溪区	212033.26	9.0	17182	12.34	123763	1.71
鸭溪区	265976.61	8.5	18630	15.35	141716	1.87
大桥区	168441.59	7.3	86009	9.99	121817	4.15
总计	851476.61	8.3	86009	9.99	587871	1.45

注　耕地面积根据县府三十年度土地呈报统计，户口数目根据县府三十二年度户籍统计。
资料来源：（民国）张其昀，等，遵义新志（内部印行）[M]. 遵义市志编纂委员会办公室整理出版，1999。

为增大供给，境内各处，凡能耕种之地，均被开发为耕地，但喀斯特丘陵地带局部地形、气候差异较大，导致各区域的农业耕作环境完全不同。城郊东南的构造盆

---

❶　1 亩 ≈ 666.67 m²。

地与城郊西北的溶蚀谷地为境内的宜农之地，如海龙坝鸭溪一带，耕田面积已高达 41%，这一数据虽不及平原地区的垦殖指数，但在田土极其稀缺的喀斯特山区已达开发极限。而在其他乡镇山间盆地如星罗棋布，规模效应很难体现，山民为求生存大量垦殖坡度较陡的山坡地，则造成耕作粗放、土壤侵蚀剧烈，最终造成土肥告竭沦为荒地的后果。另外一些乡镇及聚落地处高山地带与石灰岩丘陵中，因自然条件限制无法垦殖的荒地占比较高，表现为人烟稀少的特点。因此，在当时对自然环境依赖度较高、土地质量较差的遵义，其蓝绿空间的资源供给能力是城市人口密度等级差异的直接影响因素，而人口分布同时也在塑造蓝绿空间的区域景观特征。而在人口稠密、交通便利之地，土地的大量开辟也势必造成原本丰富的森林植被资源的损失，城区周边诸山及通达四区公路两侧，森林多已被砍伐殆尽而童山濯濯，但遵义也多山坡陡峭、交通险阻之区，因此大量天然森林得以保留。

4.4.2　与山地蓝绿空间相塑的城乡点轴延展

1. 山地蓝绿空间与城乡空间的整合发展

（1）乡镇繁荣与占据蓝绿空间区位优势的关联。遵义县虽受自然条件的限制农产不足，但在抗战期间却能军粮出口、成品外销，设厂加工面粉、制造酒精，为难民提供避乱之地，这都幸赖于民国政府多年来致力于修建公路、桥梁以及机场。正如法国人文地理学家约翰白吕纳（Brunhes J.）所言："道路向着都市集中，依赖都市培养，但都市的生存，却也有赖于道路的培养。都市创造道路，道路也转而创造都市或改造都市。"全县境内每 4 km² 即有 1 km 石板大道，每 8 km² 就有 1 km 公路，每 45 km² 则有 1 处乡镇，这在当时贵州高原贫瘠之地足以奠定遵义乃黔北农产收集转运中心的地位 [113]。

道路逾山越岭、四通八达，使原本被大山阻隔的山间聚落交流日频，其中占据交通要道的重要位置或交通孔道的山口，又或地处平坝中心的聚落因其控遏广大山地和粮食生产区，则迅速发展为乡镇。如位于川黔公路一侧的南白镇，是南北交通的重要节点，东西方向为倪家巷西门关的两山口，且与多个聚落相连，各地农产多汇集于此，转运至城区或贵阳、仁怀等地，因此作为全县南部地区之经济、交通枢纽，乡场规模较大；再如位于山地与平坝交界的山口位置的海龙坝，是山民土产与平坝物资交易的中心，则极易形成乡场；而位于两平坝之间，由河流贯穿山岭连接两坝，其间山口即为上游平坝对外交通的必经之路，如牛蹄塘就是位于新土沟和庄沟两平坝之间，是金顶山与罗汉坡两山之间的河流"门户"，因此平坝富余的粮食常在此处与城内物资进

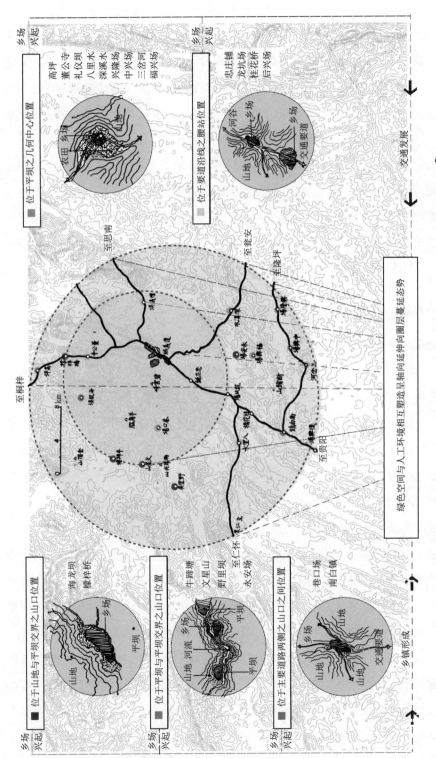

图 4.9　与山地蓝绿空间相互塑造的遵义城乡点轴发展及圈层蔓延态势示意图 ❶

❶　根据《遵义新志》中的相关记载绘制。

行交换，乡场即成，诸如此类情况形成的乡场还有平安场、文星山等；另外还有位于平坝的聚落，因农产丰富可以自给自足，故可倚靠周边缓丘或台地，建设街道房屋，如中兴场、兴隆场、三岔河等皆为平坝中心的大型乡场；此外还有一类聚落则完全因道路而兴，如忠庄铺、龙坑场、桂花桥、后兴场等，既无富庶平坝作其经济腹地，也无重要山口凸显其位置优势，仅仅只是作为川黔要道绵延 30 km 的所途经的重要腰站，便可在狭长谷地中繁荣形成乡场（图 4.9）。

（2）竭力突破蓝绿空间约束的遵义城区发展。遵义县城就其区位而言，既坐镇重要山口又占据交通要道，因此为以上诸多聚落之核心。老城四周高山环绕，自南宋杨轸迁治于此，其意图在于防守，但山间盆地面积狭小，四周不过 1 km² 见方，清咸丰年间因开辟川黔大道，贸易拓展，道路吸引力不断增强，于是人们放弃最初以便防守的安全堡垒，在小盆地山口以外沿道路发展新街，待规模初具构筑新城，与老城屹然对峙。至民国十八年（1929 年），湘江西岸随着川黔公路贯穿新城，军车、商车往来不断，第三产业应运而生，沿公路向南、北拓展，丁字口一带随即成为遵义的金融、商贸及交通中心，而老城贸易日衰，逐渐成为住宅集中区域，学校官署分插其间。受抗战影响，遵义县人口消长明显，尤以城区人口波动最甚。据《遵义新志》载：遵义城区在抗战以前人口约 58000 人，抗战军兴，大量湘桂义民涌入，以浙大为代表的外省机关学校内迁，遵义城区人口增至 66000 人，为缓解人口激增的交通压力，政府于民国二十八年（1939 年）拆除部分新城城垣，新修环城路（今内环路），绕道新城城外，街市又沿此新路迅速延伸，逐渐发展成一条北起罗庄、南至南门关，绵延五六公里的商业市集[114]。迄至民国三十四年（1945 年），遵义两城及火车站附近的统计人口达 88000 余人，发展极盛时人口过 10 万人，人口密度达每平方公里 400 人以上，可

图 4.10　1948 年遵义城区与周边蓝绿空间的格局发展

见当时城区之繁荣景象 [114]。如图 4.10 所示，民国三十七年（1948 年）遵义的城区发展已突破原有的老城和新城，向周边蓝绿空间中相对适宜建设的谷地延伸。

2. 交通技术的发展对蓝绿空间与建成空间的重塑

民国期间川渝公路的全线贯通，遵义至湄潭、瓮安、绥阳、仁怀等县的公路相继延伸修建，全县 44 乡镇有公路可达的已过半数，因此交通通达加之遵义县城的日渐繁荣，综合影响城市呈点轴发展，且有分圈层城乡一体之态势。环城一圈范围内各乡与县城关系密切，人力牲畜半日可达，因地价地租较高，而种植果蔬每亩收益高于种植水稻 4～5 倍，因此内环蓝绿空间多以菜地、果园为主，老城西南山岭横阻、菜圃分布零散且面积狭小，而新城以东地势较平，故菜地果园连绵相望；二圈近郊范围内各乡之间间距增大，但交通畅达之后，便要承担供应城区住户及一环乡民粮食的压力，因此当竭力克服山地耕作之劣势开发"田土"，当地乡民将水田称为"田"，将旱地称为"土"，足见两者肥力差距，因此凡是水肥条件容许皆被开发为水田，而水田又被分为"平坝灌溉便利之水田、宽谷灌溉不便之水田、山麓泉水田、山坡梯田、山顶望天田"五级缴赋，足见当时农事经营之精密，而复杂山地造就的多样农业环境，如海龙坝、三岔河一带为高原中的山间盆地，则稻田连绵，海龙屯山顶平坦、四壁陡峭则水田旱田交错，从而使蓝绿空间呈现出明显的区域差异和特征；三圈远郊范围内的乡镇因距离县城较远，受县域经济影响较小，因此贸易范围较广，并随着县内交通的不断外延发展也较自由，故而使蓝绿空间与人工环境的互动向更广阔的范围蔓延。

4.5 中华人民共和国成立后"融山亲水"的组团发展路径

1941 年以前，政府修道路、立街坊均依托自然地理条件和当下发展需求进行，并无系统规划记载。中华人民共和国成立后，遵义以原县城区为基础组建县级市，并在民国末年相继制定的县城市政建设初步规划（1941 年）以及乡镇营建实施计划（1949 年）的基础上，根据国家"三线"建设工业引领的发展方向，先后 8 次编制城市规划以指导各个时期的城市建设，行政区划在此期间也多次调整。1997 年遵义成立地级市迄今，共辖 4 区、2 市、7 县、2 民族自治县，即红花岗区、汇川区、播州区、新蒲新区、赤水市、仁怀市、桐梓县、绥阳县、正安县、凤冈县、湄潭县、余庆县、溪水县、道真仡佬族苗族自治县、务川仡佬族苗族自治县，其中汇川、新蒲、播州都是 2000 年后政府为满足中心城区日益发展需求相继成立的新区，期间在红花岗区与播州区交界处划出部分区域成立南部新区，后又撤销。在遵义"撤县设市"后的 20 余年间，政府两次编制城市总体规划，城市中心区范围不断扩大，与周边 164 个建制镇共同形成多中心、多组团的城市发展格局。

4.5.1　蓝绿空间的功能迭代特征

　　遵义市城市绿化的建设历程，自中华人民共和国成立前的"童山濯濯、坟丘遍布"，以及成立初期的"规划伊始、公园初辟"，经 20 世纪 70 年代的"三线建设、全面复苏"，再到改革开放的"快速发展、提质增量"，历经 90 年代末的"撤地设市、注重指标"，进入 21 世纪以后"新区扩张、问题凸显"，如图 4.11 所示，在不同的时代需求背景下遵义市的蓝绿空间呈现出明显的功能迭代特征。当城市建设从发展速度向发展质量转型时，城市蓝绿空间的功能价值将在"生态融城"的发展理念下被重新认知和挖潜，在新一轮的迭代中从城内强调游憩、城外生产主导的空间隔离转向兼顾"环境、经济、社会"的整体空间综合绩效输出，由目标导向下的城内绿地按指标配置转向区域景观系统中生产、生态、生活的空间协同。

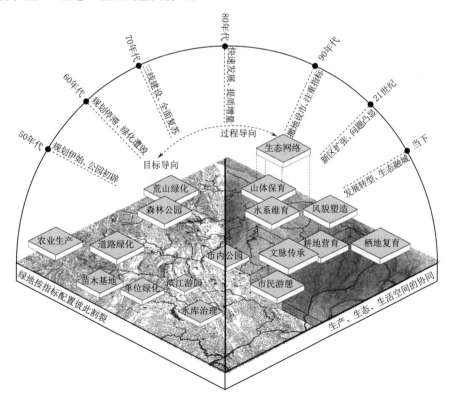

图 4.11　中华人民共和国成立初期至今遵义市蓝绿空间的功能迭代示意图

4.5.2 与山地蓝绿空间相契的多组团城市结构形成

1. 山地蓝绿空间与建成空间的整合历程

中华人民共和国成立以后遵义城市建成空间成长又在不同时期渐进跳跃，最终进入快速发展时期的组团分离空间形态，蓝绿空间作为城市的生长基底，其功能迭代与城市发展的关系密不可分。

（1）园林绿化模式与生产主导城市空间建设的契合。中华人民共和国成立前夕的遵义城街道仅有少量行道树，城周山地本载森林，但因供给城中柴薪及满足建设之需，森林砍伐殆尽，仅有少数山上残存杂木林和零星灌木丛，城内园林仅有桃溪寺、湘山寺等几处寺观园林及王、杨、舒、宦四家私家花园。中华人民共和国成立后规划伊始，受苏联城市规划模式影响，绿地建设强调游憩功能，建设纪念性园林及荒山绿化工作全面展开，如政府于1952年拆除老城东门至柏家堤坎城墙，贯穿城墙内的私家花园与城墙外的田土和河滩，建成占地132亩的纪念公园，是遵义市现代公园之"开山鼻祖"。而遵义市城山相依，荒山绿化即成为城市绿化亟待解决的重要问题，中华人民共和国成立后的十余年间，凤凰山、红花岗、府后山、沙盐坡、螺狮山、白石垭等城周诸山已通过逐年植树造林和培育管理而林木繁茂，凤凰山作为城区最早进行绿化的荒山，绿化效果最好，成为遵义市迄今最大的开放式山地公园。另外在政府部门带领下的群众性植树活动也涉及遵义城区的各条主要交通道路旁侧，凤凰路、新华路、北京路的部分路段先后栽植了法桐、香樟等行道树，并在道路建设与改造的同时增建道路花池、开辟街头游园，使街巷塞途的城区面貌大为改观[115]。

20世纪60年代中后期经济困难、规划停滞，上一时期的园林绿化工作成果遭到不同程度的损坏，温室空置、花圃苗圃改种蔬菜、滥砍滥伐树木严重，但始于1966年历时12年的"三线建设"，对遵义的各种基础设施建设、工业结构、科技水平、交通运输及经济社会发展起到了巨大推动作用。

70年代末遵义城市绿化工作全面复苏，园林绿化经费逐年递增，但这一时期城市规划强调要按小城镇方针建设城市，重点考虑农业的优先地位和农副产品的自给，城郊各乡镇耕地面积激增，因此大量涌现的工厂企业与农业生产景观的交织成为这一时期城市建成空间与蓝绿空间所呈现出的主要特征。而水利兴修历来都是保障农业丰产的重要措施，基于50年代修建的水库基础，完善沟渠、渡槽、倒虹管等配套设施，实施水库治理是70—80年代的主要任务。城区绿化建设则多集中在对已建公园的功能调整上，如将遵义纪念公园中的动物迁入凤凰山森林公园，纪念公园增建儿童乐园，森林公园内种植经济植物和果蔬，逐步做到以园养园。

改革开放初期，遵义城市绿化在国家提出的"连片成团、点线面相结合"的方针指导下进入到快速发展阶段，人工营建的园林景观数量和质量都大幅提升，完成湘江沿岸绿带的种植，重新规划建设凤凰山南麓的凤凰山公园，发动全市人民参与改建纪念公园，重建遭损毁的湘江滨河游园，新建红花岗游园、石龙桥游园、湘江游泳池畔小憩园 3 处，对万里路、上海路、子尹路等多条市区主要交通道路进行绿化栽植，增设形式各异的花坛、花台，机关、部队、企事业单位的绿化建设也在"门前三包"的推动实施下大力发展，涌现出一大批"花园式工厂"及绿化先进单位。

纵观以上历程，从中华人民共和国成立初期至 20 世纪 90 年代初，在生产主导下的城市空间建设过程中，蓝绿空间作为承载城市经济生产功能的载体，主要从公园建设、道路绿化、滨河绿化、山体绿化、纪念区绿化、工厂企业及机关单位绿化、苗木基地建设等方面展开工作以改善居民的生产生活环境（表 4.2）。

表 4.2　中华人民共和国成立初期至 20 世纪 90 年代初（1950—1990 年）

遵义城市绿化建设主要工作历程表

建设类型	园名	性质	建设历程	位置 / 规模	布局及实施内容
公园建设	遵义公园（纪念公园）	封闭式城市综合公园	1951—1956 年初建 1959—1965 年续建 1977—1981 年恢复 1982—1989 年改建	遵义老城临湘江而建占地 132 亩	园林植物景区：栽植有罗汉松、紫薇、茶花等桩景植物和名贵花木；设园式中国古典式园林建筑；儿童乐园：设游乐项目 20 个；动物园（后迁出至凤凰山公园）：豢养 56 种 416 头（只）野生动物
	凤凰山公园（凤凰山纪念林区）	开放式城市森林公园	1952 年植树造林 1957 年辟为森林公园 1983—1990 年规划建设	凤凰山南坡面积 800 亩	采用中国传统园林布局，分东、南、西、北 4 个游览区，各区利用植物栽植突出四季景观；园内建筑主要包括大门牌坊、龙亭、凤阁、伴亭、牡丹亭、怀红亭、红楼茶室等
	湘滨游园（河滨公园）	滨河游园	1959 年改建新华路时新辟 1960—1963 年种植花木 1982—1983 年重建 1989 年改建游园东端绿地	湘江东岸丁字口至新华桥段面积 25 亩	采用中国传统园林布局，园内铺设有卵石嵌花小径，园林植物与服务亭、假山、荷花池、碑亭、雕塑、休闲桌凳等相互搭配，栽植方式多样，游园四周设栏，通过梯台步道与沿江一侧的走道相连，常被作为花鸟棋牌的娱乐场地

建设类型	园名	性质	建设历程	位置/规模	布局及实施内容
公园建设	红花岗游园	滨河游园	1983—1984年初建 1986—1989年增设园林设施	新华桥西桥头，红花岗剧院前湘江河畔面积3.2亩	采用规则式园林布局，内设长方形花台，随季节栽植各式花草，花架、长廊供游人休憩，园内常举办花卉盆栽展览
	石龙桥游园	滨河游园	原为香樟、竹林地 1984—1985年建成	石龙桥东西北侧，与红军烈士陵园广场紧邻面积6.8亩	布局采用规则式与自然式结合的方式，内设临江水榭、方亭、伞亭等形态各异的园林建筑，假山、水池、雕塑、花台等园林小品与造型植物相互搭配，小巧雅致
	游泳池小憩园	滨河游园	1986年建成	湘江游泳池畔面积0.4亩	布局简洁，内设一方形水亭，布设坐凳以供小憩，植物配置以松、竹搭配草木花卉

建设类型	路名	全长	栽植历程	树种	路段
道路绿化	万里路（北）	390 m	1962—1963年	香樟	丁字口—狮子桥
	新华路	500 m	1962—1963年	法桐	丁字口—新华桥
	北京路	810 m	1961—1963年	广玉兰、法桐	北京路口—火车站
	石龙路	250 m	1958—1960年	香樟	石龙桥—遵义宾馆
	长征路	810 m	1961—1963年	法桐、香樟	新华桥—地委
	公园路	268 m	1962年	女贞、杨槐	遵义公园—剧院
	上海路	3000 m	1976年	法桐	高桥—新街
	子尹路	780 m	1978年	法桐	遵义宾馆—协台坝
	大兴路	310 m	1977年	法桐	新华桥—菜场
	万里路（南）	1080 m	1984年	广玉兰、香樟	狮子桥—桃溪路口
	碧云路	350 m	1984年	法桐	康石桥—彩印厂
	洗马路	1230 m	1984年	刺槐、杨柳	遵义宾馆—火柴厂
	白杨路	1280 m	1985年	法桐	水磨塘—龙溪桥
	中华路	2450 m	1989年	法桐、擦树	丁字口—遵运司
	凤凰路	2350 m	1958—1989年	法桐、意大利杨	新华桥—地委党校

建设类型	河道名	全长	建设历程	面积	实施内容
滨河绿化	湘江河	3000 m	1982—1989年	20787 m²	两岸栽植杨柳，东岸部分沿河堡坎进行垂直绿化，河岸较宽处布设坐凳

续表

建设类型	山体名	时间	建 设 历 程
山体绿化	凤凰山	1952 年	山顶植松树，山腰修建盘山便道，部分山坡梯化栽植果蔬，梯土边缘种植茶树；插旗山和豆芽湾后山植松树、牛舌兰，将凤凰山林区定名为纪念林区
		1954—1957 年	在狮子山栽植 10 万棵杉树，小龙山栽植 2.5 万棵松柏
		1959 年	凤凰山上半部及小龙山主峰右侧栽植大松树；凤凰山的水坝山修建上山石阶级环山道，道旁植柳杉，山顶种松树
	红花岗	1954—1955 年	栽植 2 万株杉树苗，成活率不足 20%
		1960—1961 年	在红花岗的蜘蛛网及白虎头、回龙寺山顶栽植松树，蜘蛛湾梯化后栽植园林绿化树种及果树
	城周诸山	1965 年	在红花岗老鸭山栽植"妇女林"
		1958—1983 年	陆续在玉屏山、府后山、砂盐坡、螺狮山、百石垭、冒老顶等山坡栽植果树及松树、侧柏等绿化树种
	市郊诸山	1987 年以后	陆续对市郊各乡的荒山进行绿化

建设类型	类别	建设时间	建 设 效 果
专用绿地	工厂企业绿化	1958—1990 年	绿化面积达 2583 亩，市区工厂企业有 13 个单位设有专职绿化机构，11 个企业有花卉温室，10 个企业有苗圃
	机关事业单位绿化	1978—1990 年	有 6 个单位建起花卉温室，4 个单位设有苗（花）圃，80% 的单位内设园林建筑

建设类型	纪念点	建设时间	位置	建 设 效 果
纪念区绿化	遵义会议纪念旧址	1962—1982 年	子尹路 96 号	会址后花园内设观赏水池，园道旁绿篱，园内栽植古罗汉松、大茶花等名贵花木
	红军总政治部旧址	1984 年	杨柳街天主堂内	遵义图书馆迁出，绿化以雪松、龙柏为主景树，辅以草坪、花卉
	毛泽东旧居	1965 年	中华南路 122 号	绿化面积 200 ㎡，楼前设花池栽植绿篱花卉；楼左侧设花台，栽植桂花、黄杨等植物
	红军烈士陵园	1959 年建园 1984 年扩建	凤凰山西部小龙山上	1959 年建牌坊式大门，设石阶通向烈士墓，两侧植松柏；1984 年对纪念碑四周 7000 ㎡ 的区域进行绿化，陵园服务区域设假山、水池等园林小品

建设类型	类别	建设历程	苗 圃 分 布 点
苗木基地建设	专用苗圃	1952—1986 年	纪念公园内小面积苗圃、遵义市苗圃场（15 亩）、老城卫星国林农场（250 亩）、遵义市园林试验场（800 亩）、纯阳阁苗圃（164 亩）、红花岗苗圃（60 亩）

续表

建设类型	类别	建设历程	苗圃分布点
苗木基地建设	企事业单位苗圃	1958—1990 年	遵义市政府（0.16 亩）、遵义行蜀（2.4 亩）、遵义宾馆（0.8 亩）、遵义医学院（0.8 亩）、遵义地委党校（0.5 亩）、长征电器厂（10.1 亩）、遵义铁合金厂（7 亩）、贵州钢绳厂（20 亩）、市花木公司（36 亩）、天义电工厂（5 亩）、遵义食品总公司（2.6 亩）、遵义丝织厂（0.7 亩）、遵义化工厂（1.5 亩）、贵州金山机械厂（0.12 亩）、遵义军分区（0.5 亩）、昆明陆军学校后勤训练大队（0.6 亩）
	个体苗圃	1982—1988 年	多分布在市郊忠庄、海龙、长征、高桥等乡，以长征园艺场（5 亩）、沙坝园艺场（5 亩）为代表

注 根据《遵义市城建志》（1176—1989 年）整理制作。

（2）蓝绿空间服务功能提升与生态主导建成空间拓展的契合。20 世纪 90 年代是我国城市绿化建设发展的重要时期，与城市绿地相关的法规与标准相继出台，城市绿地系统规划作为城市总体规划中的专项内容要求单独编制，极大地推动了城市绿地建设的规范化发展。1997 年撤地设市后的遵义市也在城市绿地系统编制趋势的引领下，投入大量人力物力展开绿化建设，但初期城市绿地在空间尺度上并未突破城区建设用地的局限，这主要是由于以经济生产主导城市空间的发展时期，绿地建设的目标与城乡之间的统筹协调相较，更关注城区绿地指标的实现，而城郊蓝绿空间依然以满足城市绿化建设之需的各类圃地以及生产经营性质的耕地、林地及园地为主，优质的山水资源与田园风光景观价值在城市绿地的整体功能发挥中常被忽略。

2003 年汇川区成立，以新区、经开区开发建设为依托的城市规模扩张期正式开启，公园绿地分布不均衡、滨水绿地空间利用不足、道路绿化种植单调、防护绿地建设薄弱、生产绿地极度缺乏、建设用地外对城乡整体区域具有综合效益的绿地保护和利用不到位等诸多问题日益凸显，蓝绿空间作为满足城市居民游憩需求、保障城市生态安全、优化城市空间格局的重要载体，其功能需求从生产主导转向公共性和服务性提升，强调绿地的生态保育属性，这期间城市近郊交通便利、形态舒展、植被覆盖良好的山体被相继开发为专类或综合公园，极大地改善了公园绿地集中分布于老城区湘江沿岸，其他区域则无中大型公园的状况，绿地指标也得以大幅提升，如 2002 年、2004 年开工建设位于城北汇川区的三阁公园、遵义市植物园、2002 年建成开园位于城南的南岭公园、2006 年被贵州省林业厅批准为省级森林公园位于城南播州区的象山公园，都是利用城周山体资源建成的集休闲健身与山体修复为一体的城市型山体公园，从而使周边居民可以亲山近山、就近游山。

2009—2016 年伴随着新蒲新区和播州区的相继成立，新区建设如火如荼，城市规模在急速扩张的过程中，越来越多的山体进入到城市建成区范围内，山与水唇齿相依的密切关系也逐渐为人们所重视，因此有效保护自然山水资源，同时改善城市人口激增后生活空间的宜居度，成为这一时期蓝绿空间生态性和功能性的具体指针。近年来山体绿化与山体公园的陆续实施、续建，使自然景观与城市景观在城市内外相互交融，如新建汇川区的莲花山森林公园、播州区的桂花山公园、新蒲新区的茶山公园、月亮山山体公园等，并对上一时期修建的南岭公园、植物园、象山公园等进行景观升级，蓝绿空间逐步整合为全域景观资源被纳入城市整体生态格局中做综合统筹，而对河湖水系的保护也突破沿岸建设防护绿地的局限，拓展为从更大范围关注河流湿地、人工库塘、湖泊湿地的生态服务功能以及满足游憩之需的社会功能，结合河道治理和生态环境改造的湿地公园在遵义市全面建设"公园市"的部署下快速展开营建，鸣庄潭湿地公园、播雅湿地公园、新蒲湿地公园、白鹭湖湿地公园、深溪河湿地公园等多个湿地公园的陆续落成（图 4.12），使遵义市山、水、城、林交融的城市风貌日渐凸显，蓝绿空间成为承载城市高质量发展新阶段生态宜居目标的新兴载体。

（a）2017年建成的莲花山公园　　　　（b）2015年建成的播雅湿地公园

（c）2017年建成的白鹭湖湿地公园　　　　（d）2016年建成的天鹅湖湿地公园

（e）2017年建成的鸣庄潭湿地公园　　　　（f）2013年建成的新蒲湿地公园

图 4.12　持续修建中的山体公园和湿地公园

2. 规划调控对蓝绿空间与建成空间的重塑

遵义城市组团式空间结构的形成既是山地自然环境限制下的被动选择，又是在有意识的规划引导下共同作用的动态成长过程，在各个阶段的城市总体规划中具体表现为蓝绿空间与建成空间结构相互协调的适应关系，根据时序可划分为以下4个主要阶段。

（1）城市轴向延展中与蓝绿空间的同步构建。中华人民共和国初期的遵义城，城市建设全面展开，至20世纪50年代末城墙基本拆完，石料被用作修建仓库、办公楼、城区南北大道及各项公共建筑。城市建成空间虽突破城墙限制，但受山地自然条件限制，城市用地优先选择自然地形所"预留"的线性空间进行轴向延伸，依托新城的川黔交通干线和老城的湘江河谷地带呈"Y"字形生长，轴线两侧也随人口规模的不断递增而填充成带状空间。中华人民共和国初10年间相继开展的5次城市总体规划在逐步明确城市性质、发展布局和人口规模的同时，也对各阶段的"园林绿化"制定了明确的建设目标。1953年规划提出在城市商贸、工业、住宅、行政、文化五大功能分区的基础上结合自然景观进行绿化布局，进行主要道路的行道树栽植，培育风景林，并将与湘山寺紧邻的桃源山辟为花园，要求机关、学校、厂矿制定绿化计划。1956年在工业城市的发展定位下，以苏联列夫琴科的城市规划理论为指导，参考贵阳市城市规划，提出建设由河滨公园、林荫绿带、行道树、绿化区组成的绿地系统，计划人均绿地面积达 15 m^2，并对城市周边荒山提出依据山体高度布置环形种植带，以形成"山顶松柏带帽、山间果树环绕、山脚基础种植"的立体绿化模式建议。1957年是遵义城市公园的"规划元年"，首先提出扩建纪念公园的计划，另外新辟桃源洞公园、纯阳阁公园、马鞍桥河滨公园，并规划在凤凰山纪念林区中开辟游览山道，修建亭廊、栽植树木建为森林公园。1958年的城市规划强调旧城改造与依附旧城区的新工业区的拓展，采用多中心的规划布局，突出纪念公园作为当时遵义市唯一一座封闭式公园的核心位置。1959年的城市规划是遵义城市发展定位的重要转折，其明确提出遵义市作为新兴工业城市，还应作为革命历史名城的发展内涵，结合城市"一心多区"的布局，制定出城市总体结构的"两大体系"：一是采用象征性艺术手法，以遵义会议会址为核心，老城纪念区为重点，从丁字口北至遵义火车站、南至迎红桥（丰乐桥）形成纪念景观轴，"点线面"有机结合构成遵义城市的革命纪念体系；二是利用遵义城区的自然景观和人文景观构建三个环状绿化体系，即以凤凰山为中心，对红花岗、老鸦山、府后山、沙盐坡等城周诸山加强绿化建设形成山林绿环，沿湘江两岸置带状绿地，并筑湘江堤坝，扩大水面，使水上空间与两岸林荫道、小游园串联形成景观绿带，依托东外环路、北外环路及西南环形线路形成城市近郊外围绿环，共青湖、皇坟嘴、红岩水库、枫香温泉等风景名胜构成城市远郊的环城游憩带，至此"绿心＋绿带＋绿环"的绿地系统整体结构初步形成。

但在实际的绿化工作中，由于这一时期的国民经济尚处于战后恢复阶段，在百废待兴的背景下城市建设以为生产和生活服务的公共设施修建为主，公共绿化缺乏政府财政支撑和专项资金划拨，总体规划中又无明确的绿地专项图文编制指导，因此绿地建设仅依街道整修和市民游憩而展开，并未遵循1959年规划提出的"绿化体系"设想，从城市整体空间发展布局出发考虑蓝绿空间的同步构建，期间公园建设虽呈方兴未艾之势，但数量有限，仅有纪念公园和凤凰山公园规模初具，荒山绿化大多也只栽不管、成活率不高，1965年后城区荒山主要绿化造林区被统划为4大片区交由街道办事处进行逐级分配并插牌划界地培育管理，绿化效果才逐年显现，其中凤凰山和红花岗在持续地植树造林中逐渐成为景色秀丽的风景林。

（2）城市快速分区发展中与蓝绿空间的主动调和。改革开放后的遵义城，基于"三线"时期基础设施的大量修建而快速发展，1983年规划是对城市人口和用地规模出现突破性增长后的及时应对，根据遵义已经形成的发展格局和特殊地理环境，划分城区和郊区两个发展层次：城区规划用地47.3 km²，城市建设在利用改造旧城的同时，在中心区半径10～15 km范围内规划建设七大工业区块，区块间有意识地利用山地、谷地、风景林区作为自然隔离，又通以道路使其相互联系，从而形成有机疏散的多组团城市空间结构。规划还对中心区建筑高度、密度加以明确限制，要求建筑风格突出名城纪念气氛并与毗邻环境保持协调，同时编制《遵义市革命纪念体系、文化古迹、风景名胜、城市景观等的规划》❶和《遵义名城保护规划》❷，以完善1959年规划提出的"两大体系"，强化遵义作为国家首批命名的中国历史文化名城的风貌特征。公园建设方面提出短期

---

❶　该规划明确列出遵义城内外共计32处的历史文物保护点以及2处风景名胜，并对其进行分级保护：一级保护包括遵义会议会址、红军总政治部旧址、毛泽东住处旧址、红军烈士陵园、红花岗、观音阁、陈公祠、郑莫祠、桃溪寺、娄山关、杨粲墓等，要求划定保护范围，不但要保护范围内的建筑，还要保护文物点所在的景观环境；二级保护包括红军地方工作部旧址、群众大会会场旧址、遵义县革命委员会旧址、普济桥（高桥）、回龙寺、湘山寺、袁公祠等，要求保持文物原貌；三级保护包括迎红桥（丰乐桥）、中华苏维埃银行旧址、雷台山古战场遗址等，要求立标保护控制周围环境。而在城市腹地的凤凰山和穿城而过的湘江是作为风景名胜加以保护，要求保护凤凰山20世纪50年代的荒山绿化纪念林区并持续植树造林，对湘江进行综合水质治理等。

❷　该规划明确划定出南起红花岗、北至遵义宾馆、东沿湘江至凤凰山体育场、西迄大龙山山口的古城保护范围，占地约1.1 km²，分绝对保护区、环境影响区、环境协调区三级保护，对区域内的建筑物体量、形式、色彩、风格以及绿化环境氛围等提出不同控制要求。

内建成凤凰山公园的要求，并将纯阳阁苗圃扩大成植物园性质的专类游览公园，将桃溪寺辟为公共游览区，另建红花岗游园和石龙桥游园；郊区规划耕地面积 58.7 km²，重点发展农业，以生产蔬菜为主展开多种经营，同时抓好植树造林、封山造林工作，实行山、水、林、田的综合治理，其中环境保护作为这一时期的突出问题在规划中被列为专项，提出城市河流截污治污、污染源迁出城区、划定纪念区、重点绿化区及风景游览区保护范围等多项治理环境污染的保护措施。

但在实际的绿化工作中，虽然这一时期遵义城市在园林管理机构调整、绿化队伍扩充、专项经费逐年增加的有利条件下景观风貌大为改观，但与城市开发建设的高动态特征相较，城市生态建设仍然缺位，绿地仅作为城市建设用地确立之后的补充和装饰，生态效能有限，未能起到城市扩张促使人与自然更加分离的调和作用。

（3）城市跳跃式组团拓展中与蓝绿空间的交融互促。撤地设市后的遵义市，政治地位和区域整体开放力度增强，进入工业化和城市建设的高峰期，旅游商贸物流等现代服务业发展迅猛。受市场经济的影响，城市各种经济要素在空间规模集聚效应的驱使下不断叠加，但在过度积聚经济负效益凸显以及山地资源环境的双重约束下，遵义城市形态逐渐跨越自然地貌形成的"门槛"局限，向多组团发展演化，进入以新区建设承载城市过剩人口和新兴产业的"飞地式"空间扩展阶段。1998 年规划为配合区划调整，规划范围扩至市域和中心城区两个层次，遵义市行政管辖范围至此确定，中心城区作为城市集中连片的建设区域，伴随着具有区位资源优势的市郊乡镇逐步城镇化的趋势，以丁字口为中心，依托城市交通干道，以山脉为天然屏障向两级展开，环凤凰山的城市中心片区以及董公寺、忠庄、南宫山、南白 4 大发展组团，与山体、河流、耕地、沟谷等自然要素相互交融共同构成一个开放型组团空间结构，其中山水景观资源在绿地建设规划中得以重视，强调亲水景观带的建设以及公共活动空间与周边山体的景观联系，建议采取拆除、改造和保留的方法对沿河地段的建筑进行改造，加大山体公园的建设力度，积极推进城市环境的综合整治，实施中心城区 10 万亩风景林的继续建设、饮用水水源保护以及湘江河、高坪河、忠庄河、洛江河、虾子河河道治理等工程，以强化城市的"显山、露水、透绿"特征。

但随着城市规模的不断扩大，城市发展轴不断填充呈不规则圈层蔓延态势，原本分隔的城市组团也在逐步侵蚀周边自然要素而持续连片扩张，遵义城市在渐进与跳跃共存的空间成长中，规划引导城市空间有序拓展、调控人地关系和谐的作用明显减弱。

（4）城市连片蔓延扩展中对蓝绿空间的竭力引导。面对主城区腹地有限拥挤不堪、外围疏解效果不佳、资源利用粗放、生态环境破坏严重、市政基础设施建设滞后等诸多现实问题，2008 年规划在遵义城市适应社会经济发展模式转变的背景下提出，其通过综合评价用地发展现状和适宜建设用地供应情况，确定"东扩西控、南北充实"的城市拓展方向，在提升主城区内聚核心的同时，不断培育新区、分阶段实现城市跳跃式的空间成长，最终形成与山地自然环境相协调的网络化、组合型城市空间布局。当城市进入规模快速扩张时期，复合生态网络作为贯穿城区的生态骨架，是隔离主城区、副城区以及产业集聚区的自然屏障，也是城市优质生态环境的重要保障，在构建城市"一主两副一带"的"双带＋组团"空间格局规划中被重点提出。规划立足于区域景观系统，从保持城市现有山水格局出发，将复合生态网络与"以山为屏、以水为脉、绿网连城"的整体景观格局相联系，通过划定山体生态保护区，控制中心城区山体工矿、农业开发，结合天然林保护工程、防林工程、退耕还林工程等维育山体绿地，并通过合理控制建筑轮廓线与山脊线的显露关系，加强城市空间中主要山体视觉通廊与眺望点的控制引导，以达到凸显山地城市风貌特色的目的；另外在开展河道水系整治的同时，引导滨水空间改造与岸线多元功能的塑造，控制滨水地段的开发强度，加强岸线界面及滨水环境的设计以增强滨水空间与城市景观的渗透；绿地规划的重点也从上一时期关注彼此孤立的园林绿化用地的规模及数量建设，转向对绿地空间结构的考量，从而提出"中央绿轴从南至北贯穿整个城市、城市绿楔划分城市功能分区与空间组团、片区绿心改善城市环境质量、城市节点提供市民活动休闲场所"的绿地系统结构。规划遵循地形地貌有意识地诱导改造蓝绿空间，间接将城市发展边界限定在特定区域，增大建成区与自然接触面的同时，引导蓝绿空间进入城市中心，避免过度连片发展造成的城市拥挤及环境恶化。

近些年遵义在开发大西南国家战略的持续拉动下城市框架格局不断拉伸，北至高坪、南至三合、西至巷口、东至新舟和虾子，在成渝黔经济圈区域协作、区域性高速公路铁路连通、大型设施修建等诸多机遇下爆发出强劲的发展动力。不可否认上一轮城市规划在加快推进城市化进程、引导城市空间跳跃式组团发展等方面发挥了显著作用，并且在城市开发建设与生态资源保护权衡的问题上给出了较为清晰的目标指引，但在规划具体实施的过程中，由于缺乏有效的政策工具作为抓手来保障实施和检验实施的成效，从而导致具有典型公共性的蓝绿空间，在城市开发的利益博弈中明显处于弱势。长期以来以人工环境布局为主导的建设模式，规划对建成区以外的空间缺乏具有针对性和可操作性的管控约束，使其不断遭受过度使用和侵占，加之受条块行政部门的壁垒影响，自然要素在城乡统筹规划中缺少协调机制，环境恶化愈演愈烈。

2016年遵义市提出的"中心城区近期建设规划"以及"总体城市设计导则"是对城市空间快速扩张中所面临的关键问题进行灵活应对的战略部署，在上一轮总体规划"复合生态网络"的基础上提出构建"景城相融的生态安全格局"，试图通过加强城市公园体系的建设以约束城市建成空间的无序扩张，但这些构想还仅停留在理想图景层面，并未通过技术论证，因此无法适应城市从外延式扩张向内涵式提升转变时，规划面向实施对资源管控、地方发展、利益协调等多方面的综合协调功能。

第5章
遵义市中心城蓝绿空间与建成空间的博弈分析

通过上一章对遵义城邑营建与蓝绿空间的历史层积过程分析可知，蓝绿空间作为承载城市功能、引导城市发展的媒介，在持续的人工干预下与城市空间一直处于动态调节的适应过程中。遵义历经以传统农业主导的缓慢发展，中华人民共和国成立以后的工商业起步尝试开放，后经"三线"建设时期厂区修建带动城市规模的大范围扩张和基础设施的不断完善，改革开放以后城市进入到以工业主导的快速发展阶段，城市建设依托旧城改造和经济开发区大规模展开，建成区范围不断扩大，1997年遵义撤地设市后行政管辖的市域、规划区、中心城区三个层次的规划范围正式确立。2000年以后，遵义汇川区、新蒲新区、播州区相继成立，中心城区的规划范围持续拓展，目前仍向周边山区蔓延。一方面是经济效率导向下的城市规模扩张，另一方面是社会公平导向下的环境公共产品供给，过去20年间蓝绿空间与建成空间展开的博弈是自然、社会经济领域多种驱动因素共同作用下的结果表征，也是不同规划主体在"有限理性"的制约下，在可选择的行为或策略中进行抉择并加以实施，从中各自取得收益或损失的过程。因此，本章借助RS和GIS技术，对受人为扰动程度最为剧烈的中心城区蓝绿空间与建成空间此消彼长的博弈现象展开量化分析，并对引发博弈错综复杂的因素进行归纳演绎，以此作为整合重塑的着力点。

5.1 中心城区遥感数据的获取及解译

由于本章研究侧重快速城市化背景下遵义城市空间与蓝绿空间的消长趋势及变化特征，探究其博弈现象的作用机制，因此研究区域选择城市建设用地扩张最明显，建成空间与蓝绿空间矛盾最突出的中心城区，范围参照《遵义市中心城区近期建设规划》划定的规划边界，以遵义撤地设市后城市高速发展的20年为研究期限，选取2000年、2010年、2020年3个重要时间节点，借助TM遥感影像数据分析不同时期蓝绿空间与建成空间的动态变化规律。

5.1.1　数据来源与预处理

上述三个时段的遥感影像数据来源于 USGS 网站（条带号 path: 127, row: 41），2000 年和 2010 年为 LandsatTM5 数据，具体获取时间分别为 2000 年 9 月 1 日和 2010 年 5 月 8 日，2020 年为 LandsatTM8 数据，具体获取时间为 2020 年 4 月 1 日，多光谱波段信息的分辨率均为 30 m×30 m。由于遵义地处多云雾山区，研究区无明显云层遮挡是准确高效获取土地利用信息的保证，因此以云量小于 2% 作为数据筛选条件，同时考虑到季节变化对蓝绿空间植被覆盖的影响，影像图资源剔除冬季数据。另外通过中国科学院计算机网络信息中心地理空间数据云平台下载 30 m 分辨率数字高程 DEM 数据以及遵义市行政区划图，并结合实地调研数据辅以遥感影像的解译。

在解译之前首先在 ArcGIS 10.0 软件平台上对 3 期遥感影像进行几何校正、辐射校正和大气校正预处理程序，并通过重采样验证方法将几何校正的误差控制在 0.5 个像元之内。借助 ENVI 5.0 的 subset 功能，在打开各期遥感影像图后均加载遵义市中心城区近期规划所确定的中心城区范围矢量数据，进行裁切后获得研究区 3 个时相的遥感影像图。

5.1.2　遥感数据的解译

1. 蓝绿空间与建成空间解译分类的确定

《土地利用现状分类》（GB/T 21010—2020）是目前我国应用最广的土地分类法，其依据土地的利用方式、用途、经营特点和覆盖特征等因素，按主要用途对土地利用类型进行归纳、划分，故而以此作为空间解译分类的划分依据，可较好地实现对现状土地利用的全覆盖。另外考虑到所获取遥感影像数据的精度限制，从遵义市用地类型的实际情况出发，首先按研究意图将研究区划分为建成空间与蓝绿空间两大类：建成空间与现行《中华人民共和国土地管理法》"三大类"中的"建设用地"相对应，蓝绿空间是另外两大类"农用地和未利用地"的总括，其中建设用地中的"公园与绿地"类型因符合蓝绿空间"自然或半自然"的土地利用状态，因此将其从建设用地的分类中剔出纳入蓝绿空间作统筹考虑。另外，考虑到农林生产的差异性将"农用地"拆划分为林草地和耕地两大类，水域在快速城市化进程中也在人为干预下呈现出强烈的变化特征，故将河流、湖泊、水库、坑塘滩涂、沟渠、沼泽等地类从"未利用地"中合并单独列入蓝绿空间，以此凸显水域作为自然要素维持生态平衡的重要性（表 5.1）。

表 5.1　蓝绿空间与建成空间分类体系

一级分类	二级分类	包 含 内 容
蓝绿空间	林草地	指生长乔木、灌木、竹类及草本植物的土地，其中既包含乔木林地、灌木林地、竹林地、牧草地、沼泽草地等地类，还将城市建设用地之内的公园绿地、防护绿地、广场用地、附属绿地，以及城市建设用地之外具有城乡生态环境及自然资源和文化资源保护、游憩健身、安全防护隔离、物种保护、园林苗木生产等功能的绿地一并纳入
	耕地	指种植农作物或以种植农作物为主（含蔬菜）间种零星果树或其他树木的土地，包括水田、旱地、水浇地、果园、茶园、其他园地等地类
	水域	指天然陆地水域和水利设施用地，包含河流、湖泊、水库、坑塘滩涂、沟渠、沼泽等地类
建成空间	建设用地	指用于生活居住、商业、服务业、工业生产与物资仓储、公共管理与公共服务、交通运输、特殊功能的土地

注　据《土地利用现状分类》（GB/T 21010—2020）《城市绿地分类标准》（CJJ/T 85—2020）整理。

2. 遥感图像的监督分类及精度检验

在 ENVI 5.0 软件平台下，利用最大似然监督分类法对 2000 年、2010 年、2020 年 3 期遵义市中心城区范围裁剪后的遥感影像图进行分类。首先借助谷歌地图同期的高清历史影像图，通过目视分辨空间分类系统已确定的四类地物：林草地、耕地、水域、建设用地；然后分别为四类地物选择训练样本，每期选取 200 个 ROIs，使其尽量均匀分布在整个图像上，通过计算各个样本类型的可分离性以确保样本合格；接着选择最大似然分类器对每期图像中的每个像元做判决，将其划分到和训练样本最相似的样本类中，最终完成对整个图像的分类。分类结束后再通过 Majority/Minority 分析、聚类处理（clump）和过滤处理（sieve）对分类图像中的小图斑进行剔除或重分类，借助 ENVI Classic 对局部错分、漏分的像元进行修改，根据出图需要更改类别颜色，最后通过建立各类型间的混淆矩阵，对分类结果进行评价，总体分类精度达到 90% 以上，Kappa 系数为 83.29% ~ 93.48%，满足影像解译要求，用于相关研究。

5.2　蓝绿空间与建成空间的博弈过程分析

蓝绿空间与建成空间的博弈过程是在多种驱动因素和多元利益取向的共同作用下展开的。在生产力和技术手段都较为低下的时期，建成空间往往受制于自然力的约束而发展受限，伴随生产力的提高和技术的进步，自然力的绝对优势丧失，取而代之的是市场力主导下的城市规模扩张和蓝绿空间的大量消减。基于上述 3 个时期土地利用的遥感解译结果，利用 GIS 的数据统计及空间分析功能，对遵义市中心城区近 20 年城市空间与蓝绿空间的面积占比博弈、转移过程博弈以及博弈发生的速度进行定量分析，并对博弈过程进行分期图示化展示，以此呈现建成空间与蓝绿空间的消长趋势。

5.2.1 蓝绿空间与建成空间的数量变化

1. 地类面积占比呈现出的整体博弈特征

从遥感解译的空间分类图像可以看出，遵义市中心城区在撤地设市后的 20 余年间，伴随城镇化的不断推进，城市建成区面积呈持续快速增长之势，城市形态在"环绿心多轴向"的延伸牵引下迅速扩张。而蓝绿空间在城市放射状延伸轴横向填充、纵向延展的过程中不断被蚕食，从 2000 年高达 97% 的空间占比下降到 2020 年的 83%，其中耕地地类的面积削减最为严重，由 2000 年 540.48 km² 减少到 2020 年的 255.98 km²，林草地和水域面积在这一期间有不同程度的增加，但上涨幅度相对较小。另外值得注意的是，在城市的西北、东北和西南三个方向，城市空间向山地绵延渐有连片之势，导致植被覆盖相对较高的林草地呈现破碎化现象。

2. 地类面积占比呈现出分期博弈特征

（1）不同地类的面积变化特征。通过对不同时期遵义市中心城区蓝绿空间与建成空间的面积消长变化统计显示（表 5.2）：2000—2010 年这 10 年间，蓝绿空间和建成空间的总体变化并不明显，其中林草地、水域和建设用地面积都呈小幅增长趋势，仅有耕地大幅较少，面积缩减 81.7 km²，其所占比例下降了 8%，由此可见新增的林草地、建设用地和水域多由城郊耕地转化而来。另外这一时期的建成空间拓展依附河谷地带和交通干线轴线延伸，主要表现为沿轴线两侧的不断填充，逐渐形成环绕凤凰山连片拓展的紧凑型带状空间。2010—2020 年是遵义市城市经济社会飞速发展的 10 年，表现为蓝绿空间与建成空间面积此消彼长的剧烈变化。环凤凰山片区建成空间因受山地环境资源的限制，土地储备规模有限，因此建设用地突破环凤凰山圈层渐进的扩张模式，在 2008 年城市总体规划对于产业发展与布局形态的指引下转向轴向延伸与跳跃式组团并存的爆发式增长阶段，面积由 2010 年的 48.42 km² 激增至 2020 年 173.67 km²，而与此相伴的便是蓝绿空间的大量流失，其中依然是耕地减幅最大，所占比例在上一时期大幅缩减的基础上又减少 12%，林草地面积也出现了小幅减少，说明近 10 年的建成空间拓展已对耕地和林草地造成了威胁，从空间分布来看新增的建设用地主要集中在用地条件良好、生态环境优越的浅丘地区，城市建设逐渐向周边山林地蔓延，"城山共融"趋势渐现。

表 5.2　2000—2020 年遵义市中心城区蓝绿空间与城市空间的面积变化分析

年份	面积及占比	类　型				合　计	
		林草地	耕地	水域	建设用地	蓝绿空间	城市空间
2000	面积 / km²	415.01	540.48	20.87	26.38	976.36	26.38
	占比 /%	41.39	53.90	2.08	2.63	97.37	2.63
2010	面积 / km²	471.57	458.78	23.96	48.42	954.31	48.42
	占比 /%	47.03	45.75	2.39	4.83	95.17	4.83
2020	面积 / km²	466.09	337.67	25.31	173.67	829.07	173.67
	占比 /%	46.48	33.67	2.52	17.32	82.68	17.32
2000—2010	增量 / km²	56.56	−81.7	3.09	22.04	−22.05	22.05
	增幅 /%	13.63	−15.12	14.81	83.55	−2.26	83.59
2010—2020	增量 / km²	−5.48	−121.11	1.35	125.25	−125.25	125.25
	增幅 /%	−1.16	−26.40	5.63	258.67	−13.12	258.67

（2）不同植被覆盖等级的面积占比变化特征。植被覆盖度作为衡量地表植被状况的一个重要指标，可侧面反映人类建设行为对生态系统的影响。通过采用目前使用较为广泛的遥感监测方法，首先借助 ArcGIS 10.0 软件平台分别计算 2000 年、2010 年、2020 年 3 期遥感影像的归一化植被指数（NDVI，Normalized Difference Vegetable Index）以指针植物生长状况和植被空间分布，与地表植被的覆盖率呈正相关关系；其次应用"像元二分模型"基于 NDVI 来估算图像中每个像元的植被覆盖度，参考相关研究的等级取值标准（＞80% 为全植被覆盖；50%～80% 为高植被覆盖；30%～50% 为中植被覆盖；＜30% 为低植被覆盖）将植被覆盖度划分为不同等级，最终生成不同时期遵义市中心城区植被覆盖等级划分图。

基于植被覆盖等级划分图，进行栅矢转化后可对不同等级的植被覆盖面积进行统计，从而定量分析不同时期遵义市中心城植被覆盖的变化特征与蓝绿空间消长之间的关联。由表 5.3 可知，2000—2010 年建设用地的增加以及为满足城市跳跃式空间发展所需的大量基础设施的修建，使得低植被覆盖的面积涨幅剧烈，而这一时期中心城区计划 10 万亩风景林的持续栽植，使中植被覆盖的面积也呈快速增长趋势，但耕地的大量消减以及国家"退耕还林"政策的推行，促使高植被覆盖的面积出现大幅减少的现象，而依托城市山体建立国家森林公园、植物园实施对现有自然林地的保护，则确保了全植被覆盖等级的面积稳中有增。2010—2020 年面对城镇化水平的加速发展，低植被覆盖面积在城市展开组团式发展的过程中持续增加，但是由于新区建设时引入"先绿后城"的理念开始注重对自然植被的保护，且新区承载旧城区人口疏解的功能还未完全发挥，因此低植被覆盖面积的涨幅较上一时期较小，而人工造林工程的不断实施使中植被覆盖面积依然呈上升趋势，耕地面积的持续减少使高植被覆盖面积占比下降，但由于上一时期人工造林的成效开始显现，对高植被覆盖面积形成补给，因此缩减幅度相对较小，而当城市开发建设过度向周边山林资源索取时，大量天然次生林开始发生演替，则导致全植被覆盖面积的降低。

表 5.3　2000—2020 年遵义市中心城区植被覆盖等级的数量变化

年份	面积及占比	植被覆盖等级划分			
		低植被覆盖 （＜30%）	中植被覆盖 （30%～50%）	高植被覆盖 （50%～80%）	全植被覆盖 （＞80%）
2000	面积 / km²	53.27	162.12	750.89	36.46
	占比 /%	5.31	16.17	74.88	3.64
2010	面积 /km²	169.25	391.93	398.08	43.48
	占比 /%	16.88	39.09	39.70	4.34
2020	面积 / km²	207.87	464.38	304.21	26.28
	占比 /%	20.73	46.31	30.34	2.62
2000—2010	增量 / km²	115.98	229.81	−352.81	7.02
	增幅 /%	217.72	141.75	−46.99	19.25
2010—2020	增量 / km²	38.62	72.45	−93.87	−17.2
	增幅 /%	22.82	18.49	−23.58	−39.56

5.2.2　蓝绿空间与建成空间的结构变化

1. 地类转移过程中的空间博弈分析

借助 ArcGIS 10.0 软件平台，通过空间分析中的叠加分析生成各个时期空间各用地类型的空间转移分布图，从而直观地反映出遵义市中心城各时间段建成空间与蓝绿空间之间的土地流动转移方向。通过上一节分析可知，建成空间只增无减，由建成空间转向蓝绿空间的数量较少，因此本节只针对蓝绿空间中土地利用类型之间的相互转换，以及蓝绿空间各土地利用类型向建设用地的单向转移进行重点讨论。

2000—2010 年间，耕地向建设用地的转移呈现出以环凤凰山组团为中心南北拓展的态势，这与城市南北向交通轴线的拓展密切相关，新增的建设用地以占用耕地的方式依附道路形成线性空间，主要体现在城市西南方向海尔大道—遵南大道的沿线开发。而城市北向的发展轴则是在旧城改造与新区建设的同步推进下开启，凤凰山以北建设用地依托上海路不断挤占周边耕地形成带状延伸的城市空间组团，并以此为基础向北部山区河谷地带继续延伸，从而形成北部新区新的城市增长点。这一时期耕地与林草地的流出转入趋势较为剧烈，在国家"退耕还林"以及创建园林城市等一系列绿化政策的推动下，将对造成水土流失、石漠化严重且粮产量较低的坡耕地逐步实施停耕，因地制宜地造林种草恢复植被，实现向林草地的转移成为主要趋势，但人口规模的增加对耕地的需求量也在同时增大，加之大面积退耕之后农民的生活和收入无法保证，因此地势较为平坦、满足灌溉及耕作条件的林草地也在同时向耕地转化。而这一阶段林地向建设用地的转化呈分散状展开，主要分布在与城市建成区周围与山体毗连的部分，城市建设活动对山林地的侵蚀趋势逐渐显现。另外受水利工程兴修的影响，这期间其他地类向水域转化最为集中的区域是位于城市西南侧的水泊渡水库，水库大坝于 2003 年开工建设历经 2 年建成，蓄水量达 5510 万 m^3，建设水库使库区范围内的林草地和耕地转为水域，水域面积明显增加，同时在政府积极推进的湘江河环境整治中，位于山谷保护区段的河岸植树造林力度的加大则使水域面积出现向林草地转化的趋势，城市东端的仁江河和洛安江也有相同现象发生，而当河流流经建设用地为满足防洪排涝要求所采取的一系列工程化措施，如河道截弯取直、加大河宽、疏挖河床、修建护岸等，以及因城市建设之需覆盖河道都导致水域向建设用地的转化，在上述人为因素以及降水减少、上游来水量下降等自然因素的共同影响下，以忠庄河、蚂蚁河、高坪河为代表的河道退化现象显著，从而加大了其流经城郊转化为耕地的可能性。

2010—2020 年间，耕地向建设用地的转化出现突破性增长，随着新区和经济开发区的建设加快，林草地也出现了大量向建设用地转化的趋势，致使这一时期建设用地面积激增。耕地转化为建设用地的区位呈多轴线、多组团延展成为遵义市中心城区城市化的显著特征，而林地向建设用地的转化虽呈零散分布，但在东北方向山丘连绵不绝之地却形成了较为集中的建设区域，从而使城市发展突破了南北主轴所控制的狭长带状空间，形成跨越板山和卧龙山向东拓展的新蒲组团和新舟组团。2010 年由于遵义市林业局对国家退耕还林的补助政策进行了具体下达和实施，农民更倾向于通过结构调整来获得较高受益，致使耕地面积向林草地大量转移，而林草地向耕地的转移则较多地分布于新拓展的四大城市空间组团周围与山体相邻的区域，即向东平衡城市居住和文教功能的新蒲新区、依托机场和便捷交通优势发展物流商贸、农贸加工及特色旅游等产业的新舟组团；向南承载主城区工业外移的三合－苟江组团、发展休闲农业展现乡野自然风貌的三岔－龙坪组团。这一时期水域面积的递增趋势依然是由大型水利设施的建设而引发，林草地、耕地向水域转化的集中范围是 2011 年开工建设历时 3 年修建完成的中桥水库，总库容为 7380 万 m³，而这一时期水域向其他地类转出的趋势更加明显，尤其是由北至南贯穿整个汇川区的高坪河，在董公寺、高坪组团建设用地不断填充的过程中被人工固化，部分河段的水域面积向建设用地转化，另外在高坪河与喇叭河交汇处，由于续建三阁公园重修河道硬质护坡及滨水步道，这一河段的部分水域被侵占转为建设用地。

2. 地类转移过程中的数量博弈分析

基于以上土地利用转移空间分布图，利用马尔科夫模型借助 ArcGIS 平台的 tabulate 功能计算出两个时段"城↔绿"空间各地类转移矩阵。从表 5.4 和表 5.5 可知，蓝绿空间在 2000—2010 年间共转出 238.6 km² 转入 216.56 km²，因此建设用地 10 年间增加了 22.04 km²，其中由耕地向建设用地的转入量最大。在蓝绿空间内部的各地类转化中，耕地和林草地之间的转化现象最为剧烈，而耕地向林草地的转入量远高于林草地向耕地的转入量，是造成耕地面积急剧减少、林草地面积陡然上升的主要原因。2010—2020 年间，蓝绿空间的转出和转入量呈现的极不均衡状况致使建设用地在此期间激增 125.25 km²，这一时期建设用地的增加依然是以侵占耕地为主要来源，但与上一时期相较，林草地转出至建设用地的数量增加，而由耕地转入的数量有所下降，造成耕地面积的持续缩减以及林草地面积的小幅回落。水域在两个时间段内与其他地类间均保持转入大于转出的状态，因此面积增加明显。

表 5.4　2000—2010 年遵义市中心城区空间地类转移矩阵　　　　单位：km²

地类划分		蓝 绿 空 间			建成空间	转出面积	面积变化
		耕地	林草地	水域	建设用地		
蓝绿空间	耕地	387.53	128.57	6.07	18.31	152.95	−81.69
	林草地	63.91	338.77	5.98	6.35	76.24	56.56
	水域	5.09	3.52	11.46	0.80	9.41	3.09
建成空间	建设用地	2.26	0.71	0.45	22.96	3.42	22.04
转入面积		71.26	132.8	12.5	25.46		

表 5.5　2010—2020 年遵义市中心城区空间地类转移矩阵　　　　单位：km^2

地类划分		蓝　绿　空　间			建成空间	转出面积	面积变化
		耕地	林草地	水域	建设用地		
蓝绿空间	耕地	251.88	108.19	6.43	92.29	206.91	−121.12
	林草地	79.61	352.66	4.51	34.79	118.91	−5.49
	水域	3.31	3.98	14.03	2.64	9.92	1.35
建成空间	建设用地	2.87	1.26	0.33	43.96	4.47	125.25
转入面积		85.79	113.43	11.27	129.72		

5.2.3　蓝绿空间与建成空间的变化速度

1. 地类的动态变化速度博弈

根据以上地类转移矩阵的统计结果，利用单一地类动态度的计算方法❶，分别计算出两个时段以及 20 年研究时长内城市蓝绿空间中各个地类的变化幅度和动态变化速度。2000—2010 年单一地类面积变化幅度最大的是耕地，建设用地的变化速度最快，年均增长率达 8.35%；其次是水域，其面积变化幅度虽然远不及林草地，但是增长速度较林草地略高。2010—2020 年单一地类涨幅和增速最为显著的都是建设用地，致使耕地面积的减幅和减速都较上一时期明显加大，林草地也出现了小量面积的消减但减速较慢。总体来看，在过去的 20 余年间，建设用地以年均 27.92% 的速率在飞速增长，林草地和水域也在缓慢增加，而耕地则以年均 1.88% 的速率在持续减少，2000—2010 年的年均土地综合动态度❷达 2%，近 10 年的土地利用变化速度较上一个 10 年提高了近 1 倍。

2. 综合动态变化的空间分布差异

以上单一地类和土地综合动态数据可定量反映土地利用动态变化的速度，但却无法表征土地利用发生强弱变化现象的空间差异，因此借助 ArcGIS 软件对 3 期遥感解译分类图分别进行划分网格的处理，网格大小为 2 km×2 km 根据研究区域大小统计划分后的网格总数共计 314 个，利用 Excel 软件对两个时期每个网格内的各地类面积变化量进行加和，统计计算各个网格的土地利用综合动态度，并对不同时期所有地类面积变化的年综合变化率的统计特征进行分析（表 5.6），然后运用克里金（Kriging）插值方法对空间局部进行插值，制作出遵义市中心城区不同时期蓝绿空间与建成空间所有土

---

❶　单一地类动态度计算公式：$K = [(U_b - U_a)/U_a] \times T^{-1} \times 100\%$。

❷　综合动态变化度计算公式：$K_s = \sum_{i=1}^{n} |U_{bi} - U_{ai}| \times 2\sum_{i=1}^{n} U_{ai} \times T^{-1} \times 100\%$，式中：$U_a$、$U_b$ 分别表示研究时段内初期和末期某一地类的面积；T 为研究时段长；n 为土地利用类型数。

地利用的综合动态变化空间分布图。

表 5.6　遵义市中心城区不同时期土地利用综合动态度的统计特征分析

时期划分	样本数	全距	最小值	最大值	平均值	标准差	变异系数	偏度系数	峰度系数
2000—2010 年	314 个	9.49	0	9.49	1.57	1.55	0.98	2.37	10.49
2010—2020 年	314 个	8.80	0	8.80	2.07	1.52	0.73	1.22	4.87

结合动态变化的空间分布图（图 5.1）可以看出，2000—2010 年，汇川区东北侧以及南部与红花岗区的交界处、城市中部的南关舟水组团一带、东部的新蒲镇和新舟机场、南端的三合、苟江镇周边以及东南方向的深溪、龙坪镇东侧都有地类发生明显变化的区域呈点状零散分布，而在 2010—2020 年间，这些动态变化强烈的空间布点呈现出不规则的圈层渐进式扩散状态，且有持续连片之势，因此在整体空间土地利用都表现出快速变化的情况下，空间变化差异在逐渐缩小，主要表现为蓝绿空间各地类的相互转化以及向建设用地的大量转出趋向。

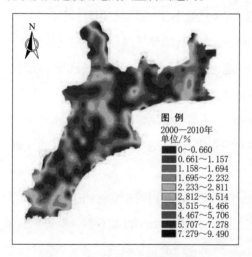
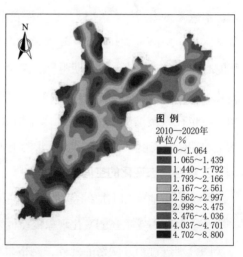

图 5.1　2000—2020 年遵义市中心城区空间土地利用综合动态变化空间分布

5.3　蓝绿空间与建成空间博弈的驱动内因分析

从对遵义市中心城近 20 年蓝绿空间与建成空间消长过程的量化分析可知，蓝绿空间的规模总量伴随城市建成区的扩张呈现明显递减之势，耕地向建设用地大量转入，致使耕地面积骤减。近 10 年综合土地利用动态度变化速度加快，但空间差异逐渐缩小，表明遵义市中心城区的整体开发强度加大，建成空间与蓝绿空间的博弈激烈。而从西南山地城市空间结构演变的一般规律来看，这种博弈现象实则是现代多元的空间影响因素共同作用下的结果表征，其中自然环境约束力、经济发展助推力、政策调控牵引力是在博弈中抗衡的主要力量。

5.3.1　自然环境约束力作用的减弱

遵义作为"八山一水一分田"的典型山地城市，起伏的地形和复杂的地貌是城市发展演进的主要限制因素。无论是宏观层面的城市结构及城市拓展方向，还是中观层面的城市功能布局、各类用地选择和片区划分，乃至微观层面的城市街道、肌理等受到自然环境条件的极大影响。城市建设遵循先利用缓坡地带、逐步改造复杂地形的规律，一些建设成本较高的陡坡高地成为抑制建设用地肆意生长的限制区域，从而使城市扩张呈现出与平原城市"摊大饼"截然不同的组团跳跃式发展，表现为蓝绿空间对城市空间外部结构的引导控制。

根据《遵义市志》中地貌类型的界定依据，按照相对高程和绝对高程将遵义市中心城区划分为低山区、丘陵区和谷地盆地区，并将其与3期遥感地类解译图叠加分别计算出3种地貌区不同时段空间的消长变量，以及不同时期各地貌区中的各地类占比，由此直观反映山地自然条件对城市空间发展的规限作用。从表5.7可以看出，中心城区地貌类型以谷地、盆地、丘陵为主，建设用地和耕地在谷地盆地中的占比较大，丘陵和低山区是林草地分布的主要区域，且建设用地的增幅与耕地的减幅都随海拔的升高而急速减缓，这一规律说明城市建设活动受地形地貌的影响较大，山地自然环境对城市的发展规划发挥着显著作用。但从两个时段对比来看，城市建设用地随时间推移呈现出在谷地盆地不断填充并向丘陵区渐次蔓延的态势，使丘陵区各地类的面积消长趋势与谷地盆地区域趋于一致，则反映出城市建设活动开始突破自然环境的限制对地形改造力度不断加强。

表 5.7　2000—2020 年遵义市中心城区不同地貌区内各地类面积消长变化分析

地貌类型	划 分 依 据	年份时段	建设用地	林草地	耕地	水域
低山区	海拔：大于 1050 m 相对高度：200 ～ 450 m	2000—2010	1.09	−1.64	8.26	0.00
		2010—2020	0.28	1.34	−4.70	0.00
丘陵区	海拔：850 ～ 1050 m 相对高度：小于 200 m	2000—2010	3.44	23.79	−33.41	0.00
		2010—2020	46.43	1.02	−48.22	0.00

地貌类型	划 分 依 据	年份时段	建设用地	林草地	耕地	水域
谷地盆地区	海拔：750 ~ 850 m	2000—2010	17.51	34.41	−56.55	3.09
		2010—2020	77.81	−7.84	−68.19	1.35

5.3.2　经济发展助推力的增强

遵义市在撤地设市后的短短 20 余年间，已从工业化起步快速步入到中期向后期的过渡阶段。这种赶超式的发展模式使遵义市的经济呈高速增长之势，主要表现为如下特点：人均产出倍增、消费升级现象明显；第二产业产值比重在急剧上升后走低、第三产业发展迅猛、第一产业比重持续下降，资源密集型产业逐渐向新型集约化产业类型转型；农林牧渔劳动力比重虽仍占绝对优势，但业态已基本摆脱传统种养模式，现代农业产业化生产初具规模，劳动力渐次向第二、第三产业转移，而这些变化都是引起城市空间与蓝绿空间结构全要素及其相互关系改变的推动力，最为直观的表现即是与工业化进程相伴呈现出较强阶段性的空间跃迁特征（图 5.2）。

经济的持续发展带动产业结构和技术的不断升级，是促使城市空间跃迁的重要动因，也是影响城市内部功能结构演变的主导因素。从遵义市中心城区 2019 年的三次产业结构构成可以看出，第二产业和第三产业对区域生产总值的贡献率已占据绝对优势，这期间主导产业的转型升级促使耗能高、污染重、占地多的传统大工业以及走向衰落的成熟产业不断外迁，技术进步引发的交通运输水平的提升支撑城市空间呈松散状态向外持续拓展，导致紧凑度指数不断下降。同时这种外迁趋势也导致区位优越、环境良好的城郊蓝绿空间区域在地租、劳动力较低的竞争优势下逐渐被城市空间所挤占，因此原主导产业向外迁移的方向成为空间此消彼长变化最为剧烈的区域，由于城市在与蓝绿空间的频繁互动中占据优势，自然度降低导致曲度下降。与此同时新生产业由于具有环保、集约、土地产出率高等优势，但尚处生产技术和交易网络皆不成熟的初级阶段，对集聚经济的依赖度更高，因此趋向于与成熟产业外迁所腾退出的发展空间发生置换，这种在建成区范围内"退二进三"的产业空间调整和重组则使原来的城市空间逐步转为存量运营，在内部填补、不断改造的过程中，城市内部的交通网络逐渐加密，蓝绿空间的碎片化特征更加明显，当向外扩张的城市空间在经济集聚效应的推动下再次形成连片产业集群时，城市形态的紧凑度即从下降转为明显上升，城市建成空间形态更倾向于混乱度。另外，上述产业结构的调整在带动经济飞速增长的同时也

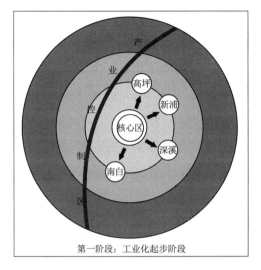
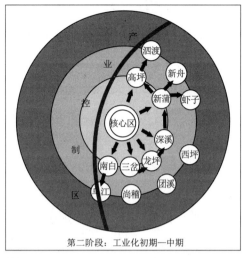

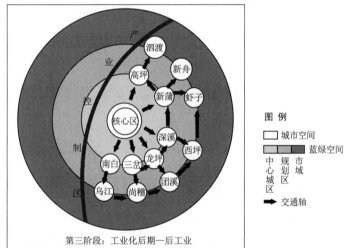

图 5.2　与工业化进程相伴的遵义市中心城区空间发展时序示意图

带来人口的高度聚集，遵义市域户籍人口从 2000 年的 692.4 万增至 2018 年的 812.75 万，其中仅中心城区的人口在近 10 年间就增加了近 2.5 倍达 200 万，大量周边市县及镇乡人口向其快速积聚，对土地的需求旺盛，市场热度增高，并在行业上行周期的带动下，政府通过低价出让工业用地、高价出让住宅商服用地获得大量土地财政收益，从而为城市基础设施建设、职能完善、住房保障等提供资金支持，以满足大量人口到城市生活就业的迫切要求。待硬件设施日趋完善，其辐射力和内吸力大幅提升，形成一定的再投资能力和品牌效应，从而吸引更多民间资源和人才技术的流入，城市发展活力增强，由此，城市的高强度扩张与经济发展形成了密切的联动关系。

5.3.3 政策调控牵引力的增强

国家宏观层面的开发战略对遵义增长型的土地政策起到了推波助澜的作用，与遵义紧邻的成渝经济区作为西部大开发的战略高地之一，2010 年被国家确定为"全国统筹城乡综合配套改革试验区"，担当起"新特区"的使命和责任，这使遵义近 10 年的城市发展受到了更多政策优待。同时，遵义因地处中西部过渡地带，又受国家中部崛起政策的影响，政策"洼地"效应激活的"后发优势"使遵义城市逐渐融入到区域一体化的发展格局中，表现出与周边城市更多的合作诉求，尤其在西南地区遵义的能源及矿产方面占据得天独厚的优势，因此强劲的发展潜力带动区域间的联系不断增强，促使物质、信息、人才、资本加速涌入，从而使山地自然资源源源不断地转化为社会生产要素，逐渐形成了以资源开采及加工为主导产业的"路径依赖"。伴随着规模报酬递增下的正反馈机制凸显，遵义的经济高速增长、城市规模迅速膨胀，但同时蓝绿空间面积锐减，自然资源的过度无序开发造成的严重"生态赤字"也日益显现，特别是当遵义的城市化率在 2017 年已超过 50% 的阈值阶段，根据发达城市的发展经验，这一阶段是城市问题和社会矛盾不断积累进而达到激化失衡的转折点，因此国家及地方政府的强力政策引导，是遵义蓝绿空间与建成空间得以良性发展的保障。

近两年在我国国土空间规划体系新的变革下，遵义市政府也在积极调整规划治理思路，从 2017 年遵义城市工作会议提出"山水相望、宜居宜业宜游生态城市"的发展定位，中心城区近期建设规划（2016—2020 年）以此为指导，从城市景观风貌出发加大了对山水自然要素、历史文化、综合环境的保护整治力度；在《遵义中心城区总体城市设计导则》（2017）中也将良好生态作为遵义城市的核心竞争力，积极沟通城市组团与自然之间的联系，塑造遵义山、水、城、景相互交融的城市形态特色；《遵义市中心城区蓝绿空间保护规划》（2018）的编制，试图从生态完整性出发提出构建全域蓝绿空间的管控与发展格局；2019 年遵义市为贯彻落实中央和省市关于自然资源工作的方针政策和决策部署，组建自然资源局，由此开启了遵义"山水林田湖草"生命共同体系统治理新阶段，但遵义针对传统规划生态地位缺失、有效实施和监督机制缺乏、多部门条块管理矛盾突出的地方探索方才起步，同时还要面对央地事权与市场化变革的同步推进，因此规划在应对空间的要素配置、增效提质以及权益协调方面还将面临更多的问题和挑战。

第6章
整合山水资源重塑遵义蓝绿空间的自然本底

　　山和水是城市地貌形态中最重要的生态要素，作为不可再生的特色自然资源，是城市生态环境的保障，也是承载城市生产、生活功能的重要载体。而遵义城市结合自然山水进行人居环境营建的历代累积传统，使其蓝绿空间与建成空间形成了紧密交融的历史空间结构。但伴随城市空间的不断拓展，自然力在与非自然力的宏观博弈中逐渐沦为弱势，致使原本与人工建设相契合的山水环境呈现出失序状态，因此从"技术－规则"的规划方法维度出发，建立基于山水资源辨识与山水生态安全分析评价的蓝绿空间"本底精读"技术性方法，同时建立能够促使规划主体达成共识引导集体行动的规则性方法与技术方法相适，从而在保护和利用双重目标导向下实现对蓝绿空间自然本底的重塑。

6.1 山水资源的利用现状评述

6.1.1 城市建设对山体的侵蚀

　　据统计，2006 年遵义中心城区的人均建设用地仅为 67m²，远低于平原城市水平和国家标准。伴随人口数量的不断递增，为满足其用地需求，开发山体成为人地矛盾极为突出的遵义城市空间拓展的必然选择。从遵义近 20 年的快速城镇化以及大规模的土地覆被变化可以看出，城市建设用地的急速扩张对遵义所处的自然山地环境产生了极大影响。在建设用地扩张相对较弱的前 10 年，对山体造成破坏的主要因素来源于对山体资源的显现开发，主要表现在"靠山吃山"，通过片伐森林、开垦坡耕地、修建梯田、开采矿产等活动以满足物质生产和生活需要，但由于个人理性所引发的"纳什均衡"，造成山体资源"重用轻养"的问题极为严重。在建设用地快速扩张的近 10 年，人为因素对山体破坏的强度渐次加强，主要体现在大规模的新区建设中，不断"长大"的建成区使山体边界遭到侵蚀，不断"长高"的建筑外轮廓造成观山视廊的遮挡和天际线的破坏，不断"加密"的建筑组团使城市以山为底的风貌特色正逐渐丧失。另外，近10年间也是遵义基础交通设施提升和完善的重要时期，中心城区的道路网密度从2011年的2.6 km/km² 增至2019年的6.7 km/km²，但交通通达性的显著提高是建立在人工技术对原有地形地貌的改造基础上，故而对山体连续性和完整性的破坏在所难免。同时，伴随居民游憩需求的提高，被纳入城市建设范围内具有良好景观资源的山体成为城市游憩空间的重要补给，但由于景区开发的随意性和过度人工化，也造成对山体植被的破坏。

6.1.2 城市建设对水系的干扰

遵义快速城市化进程中的大规模土地覆被变化不但对山体造成了破坏，同时也对水系的自然过程形成了严重干扰。其中，城市硬地率的增加、水资源的过度开发以及单一目标下的河道整治，是导致水系水文调节能力下降的主要因素。根据遥感解译数据，中心城区的建设用地规模从2000年的26.38 km² 发展到现在的173.67 km²，硬地率达17.3%，虽然这一值较平原城市偏低，但是由于中心城区范围内山体占据较大面积，因此在建成区的硬地率已达80%以上，大量雨水可渗透区域如耕地、林地，被道路、广场、居住区等硬质地面取代，面对同等强度的降雨条件，产流速度加快，洪峰流量大量增加。加之中心城区的水面率仅为2.5%，所以可调蓄雨洪的空间非常有限，河流排涝负担较重，城市内涝已经成为危害公共安全的严重问题。为了提高城市防洪安全，目前建成区范围内的河道已基本通过加筑防洪堤坝的方式完成整治，建成区以外的天然河道也在陆续实施疏挖河床、修建护岸的工程措施，但在这种单一目标引导下的整治实则加大了河道下游的洪涝风险，加之河岸两侧受企业生产、居民生活、农业生产以及畜禽养殖排污影响，水环境质量普遍偏低。另外，受喀斯特地貌影响，遵义属于水资源严重贫乏地区，中心城区人均占有水资源量约770 m³，仅为全国人均占有淡水资源量（2200 m³）的35.0%，因此兴修水库对于保障遵义城市用水需求作用重大，但这些堤坝在积蓄水量的同时也使自然径流被拦截，受水势变缓和库尾地区回水的影响，泥沙易在水库内淤积，导致库区水质下降，而阻断了河流生态过程的连续性和完整性，不仅会影响水生生物的生存，还会对库区陆生生物的生境造成破坏，并同时造成下游河道失水以及下游土壤盐碱化等一系列问题。

6.2　山体资源的辨识与评价

面对城市建设过程中人为活动对山体造成的严重破坏，以 ArcGIS 分析平台为支撑，通过技术性方法首先对遵义中心城范围内的山体自然界限进行识别，并分别从生态重要性和生态脆弱性两方面对山体的功能界限进行评价，将功能评价结果与山体自然界限叠加，从而获得为保障山体自然供给能力的两类指针明确的类型划分，即生态保育型山体和生态修复型山体；其次根据山体分类分级的结果，提出具体的保育策略，以实现遵义加速统筹快速推进城市化进程中对山体的有效保护和持续利用（图 6.1）。

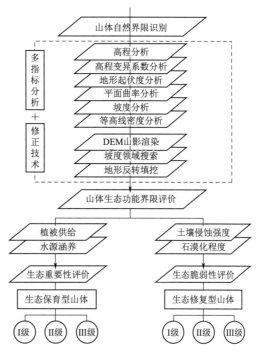

图 6.1　山体自然界限的辨识与生态功能界限评价技术路线

6.2.1　山体自然本底界限的辨识

1. 基于地貌的多指标分析

基于前人的研究经验[116]，从有限的地形高程数据中筛选出 6 个指标，包括宏观地形因子中的高程、高程变异系统、地形起伏度 3 个指标，以及微观地形因子中的坡度、平面曲率、等高线密度 3 个指标（表 6.1），借助图像分类方法对上述指标数据进行定量分析和组合，作为识别山体自然地貌特征界限的依据。

表 6.1　山体自然界限识别的技术指标与分析过程

选择指标	指 标 意 义	指标阈值划定及数据分析过程
高程	以绝对高程和海拔表示地形，宏观判断地势高低分布情况	以《遵义市志》中地貌类型的划分数据为依据： 高山：海拔 1400 ~ 1800 m，相对高度大于 500 m 中山：海拔 1370 ~ 1400 m，相对高度 500 m 左右 低中山：海拔 1000 m 以上，相对高度 200 ~ 500 m 丘陵：海拔 900 ~ 1050 m，相对高度大于 200 m 谷地盆地：海拔 820 ~ 900 m，相对高度 50 ~ 200 m 以相对高度大于 200 m 作为指标阈值进行提取

选择指标	指 标 意 义	指标阈值划定及数据分析过程
高程变异系数	是指高程标准差 STD 与高程平均值 Mean 的比值,反映地表高程相对变化剧烈程度,可直观表现山体隆起和山间盆地	统计邻域用默认的 3×3 矩形,统计类型分别选择 STD 和 Mean,在 Spatial Analyst 工具条下,选择 Raster Calculator,输入 STD/Mean;得到高程变异系数;以高程变异系数小于 0.012 作为指标阈值进行提取
地形起伏度	是指定区域内最大高程与最小高程的差值,是表达区域地形特征的宏观指标,可对高程变异系数分析结果进行修正和补充,凸显大型山体和连续山脉	在 Spatial Analyst 工具条下,选择 neighborhood → focal statistics,选用 11×11 矩形邻域,分别设置 statistics type 为最大值和最小值得到两个图层,利用 map algebra → raster calculator 得到一个新图层,即每个栅格值是以这个栅格为中心确定邻域的地形起伏度;邻域分析取地形高差大于 5 m 作为指标阈值
坡度	是指每个像元的计算值与相邻像元方向上的最大变化率,属微观地形因子,表达地表单元陡缓程度	在 3D Analyst 工具条下,选择 raster surface slope,得到坡度栅格后,用手动分级法,将中断值调整为 8,10,15,25,90;因在 15° 坡度阈值下识别的山体对遵义低矮丘陵型山地特征有较好显示,因此以此为坡度阈值
平面曲率	是指地表的二阶导数,或可称为坡度的坡度,反映地表正负地形变化程度,对小型山峰凸显作用明显	在 Spatial Analyst 工具条下,选择 surface → curvature,输出平面曲率,值为负代表像元表面开口朝上凹入,值为正,代表像元表面上凸;以平面曲率大于 0.02 作为指标阈值进行提取
等高线密度	是指定区域内等高线的密集程度,可作为曲率指标的修正,较准确地凸显山体边缘线	在 3D Analyst 工具条下,选择 raster surface → Contour,生成等高线矢量图层,将研究区分为若干面积相同的区域,统计每个区域内等高线的密度等级;以等高线密度大于 8 作为指标阈值进行提取

2. 基于地貌的修正分析

借助 DEM 山影渲染、坡度邻域搜索、地形反转填挖 3 种技术(表 6.2),对指标组合分类结果进行修正,从而获得较为准确的山体自然界限,最后利用 GIS 的聚合、筛选和线型优化功能,对邻近山体斑块(≤200 m²)进行融合,并筛除过小(≤1200 m²)的山体斑块,以 200 m² 为标准对山体斑块线型进行柔化处理,使最终识别效果完整合理 [117](图 6.2)。

表 6.2　山体自然界限的修正技术与分析过程

修正技术	修 正 意 义	修正技术分析过程
DEM 山影渲染	通过设置假定光源的位置,计算与相邻像元相关的每个像元的照明度,并用图示加以显示以增强地表的可视化表达,从而修正山体提取结果	在 3D Analyst 工具条下,选择 raster surface → Mountain shadow,默认方位角为 315°(NW),高度默认值为 45°,从而获得山体阴影函数,将其添加到 DEM,即可输出山体阴影扫描地图)(单波段灰度图像)

续表

修正技术	修 正 意 义	修正技术分析过程
坡度邻域搜索	采用邻域分析对整体地表的坡度变化情况进行量化计算，可凸显大型山体细部变化，对小型独立山峰也具显现效果	在 Spatial Analyst 工具条下，选择 neighborhood → Block statistics，选用 4×4 矩形邻域，计算得出整个矩形范围内坡度变化栅格，用手动分级法，将中断值调整为 9、15、20、25，即可得到坡度变率较大的山体区域
地形反转填挖	通过填充 DEM 数据表面栅格的"汇"来移除数据误差，以确保盆地得以正确划界	在 Spatial Analyst 工具条下，选择 Hydrology → Fill，即可得到填洼后的 DEM，此间将重复进行"汇"的识别和移除操作，从而反向凸显出山体区域

图 例
▨▨▨ 研究范围线
■■■ 山体自然界限

图 6.2　基于多指标叠加分析的山体自然本底界限识别与修正过程

3. 山体自然界限的规模

　　基于以上山体自然界限的识别结果，对中心城区山体规模和分布特征进行统计分析。区内山体面积占总用地面积的 53%，有成片连续的大型山脉 8 个，面积在 2～20 km² 的中大型山体共 27 座，丘陵绵延贯通南北，使建设用地也顺山势沿纵向呈狭长条状展开，东西向因山脉阻隔，建设用地扩展受阻，形成群山环绕的跳跃式发展组团。为加强组团之间的联系，交通线在山脉和大型山体间纵横切割，从而使完整山体破碎、面积缩小。据表 6.3 统计，区内零散分布

表 6.3　山体规模划分及占比统计表

规模划分	占地规模 /km²	个数	占比 /%
小型山体 （<2 km²）	38.82	286	7.3
中型山体 （2～10 km²）	78.72	21	14.8
大型山体 （10～20 km²）	87.99	6	16.5
连续山脉 （>20 km²）	327.47	8	61.4

数据来源：根据图 6.2 按规模等级划分后得出。

有 286 座平均占地面积在 200 亩左右的小型山体，且大多数在高密度的城市建设用地范围之内，受城市建设活动影响，保护压力较大。伴随道路网渐密以及建设用地沿道路填充扩张的趋势，山体遭侵蚀的风险加大，因此在山体自然界限的基础上，以"保护、修复"为两大核心内容，从山体的生态重要性和生态脆弱性两方面展开对其生态服务功能的评价，以此作为划定山体生态功能界限的依据。

6.2.2 山体生态功能界限的评价

1. 基于生态重要性评价的生态保育型山体分级

城山共融的发展态势使越来越多的山体被纳入城市建设范围之内，由于山体的高岗、深谷、陡坡开发难度和成本较高，因此保留了大面积的自然植被，对改善城市生态环境、保护生物多样性、提高居民生活品质等方面发挥着重要作用。另外，山体覆绿也是涵养水源的重要保障，因此对山体生态重要性的评价主要从植被供给和水源涵养两方面展开（表 6.4）。

表 6.4 山体生态重要性指标评价

评价因子	指标	分级					权重
		极重要	高度重要	中度重要	轻度重要	一般重要	
	赋值	9	7	5	3	1	
植被供给	群落结构	乔灌草复合型完整结构	—	乔灌复合型较完整结构	—	乔木型灌木型草本型简单结构	0.1908
	植被覆盖度 /%	81～100	71～80	51～70	21～50	0～20	0.1277
	植被郁闭度	0.71～1.00	0.61～0.70	0.41～0.60	0.11～0.40	0.00～0.10	0.1162
	森林积蓄量 /m³	＞3400	1601～3400	701～1600	190～700	＜190	0.1449
水源涵养	树种结构	阔叶纯林阔叶相对纯林	阔叶混交林	针阔混交林	针叶混交林	针叶纯林针叶相对纯林	0.1851
	土层厚度 /cm	＞40	31～40	21～30	11～20	＜10	0.1392
	地表汇水距离 /m	＞2000	1501～2000	1001～1500	500～1000	＜500	0.0961

植被供给是通过能够反映植物群落结构、数量、物种丰富性的有关特征因子，按照相对重要性来综合评价。其中，群落结构主要反映遵义地处亚热带常绿阔叶林带垂直结构的分层特征，首先按不同生长型在空间上的分布划分为乔灌草型、乔灌型、乔木型、灌木型、草本型 5 种类型，然后根据层级结构的复杂程度划分为 3 个等级：乔

灌草复合型为完整结构、乔灌型为较完整结构、只有一个植被层的为简单结构；覆盖度和与郁闭度都是反映植被覆盖地面面积占总面积比值的指标，只是所针对的植被类型有所侧重，覆盖度多用来表征灌木或草本植物覆盖地面的比例，郁闭度则主要针对的是乔木树冠的垂直投影面积占此林地总面积的比值，反映的是这片林地的密度；森林积蓄量是指在一定林地面积上现有树木的材积总量，它是反映植被资源丰富程度、衡量山体生态环境优劣的重要依据。

　　水源涵养是通过树种结构、土层厚度以及地表水汇水距离 3 个指标进行综合评价。首先根据遵义明显的中亚热带森林植被特征，将对水源涵养有重要作用的乔木树种划分为 3 个主要类型：以杉木、马尾松、华山松、云南松为代表针叶树种，以泡桐、杨、柳、樟、楠、青冈为代表的阔叶树种，以及包括针叶混交、阔叶混交、针阔混交三类在内的混交树种，参照已有研究关于不同林分水源涵养能力相对优异性的比较结果：阔叶林＞针阔混交林＞针叶林，对上述划分的 5 类树种结构进行分级赋值；而土壤蓄水是水源涵养的主体，由于喀斯特地貌土层浅薄的特点，土层厚度是发挥水源涵养功能的关键因素，因此根据二类调查数据对不同厚度的土层进行分级赋值，以此作为评价水源涵养功能的重要依据；另外，遵义地处低纬近海区，海洋暖湿气流带来丰富水汽，因而雨水充沛，但喀斯特地貌地表岩石易与水发生化学溶蚀作用，降水不易在地表集聚，因此地表水汇水距离是影响地表径流注入河流的一个重要影响因素，距河流较远的区域对水源涵养功能的重要性反而相对较大，但如何在这个较大的区间合理取值，就涉及 SWMM 模型产流计算中的一个重要参数，即汇水区特征宽度的计算，有关该参数的计算方法目前都只是通过理想化模型的估算，根据 SWMM 手册中给出的"汇水面积除以地表径流最长路径长度"的计算方法，得到一个汇水子流域的特征宽度均值 2000 m，以此值为临界每 500 m 划定一个等级作为评价水源涵养功能重要性的参照。

　　由于在植被供给和水源涵养能力综合评价过程涉及的每个指标都仅体现山体生态重要性的一个方面，因此采用多指标加权求和的方法计算山体生态重要性指数，公式如下，此公式同样适用于山体生态脆弱性的计算。其中，ssj 可分别代表 j 空间单元山体的生态重要性指数和脆弱性指数；n 代表指标个数；c_i 为 i 指标重要性的赋值，w_i 为 i 指标的权重。

$$ssj = \sum_{i=1}^{n} c_i(i, j) w_i$$

　　上式中，权重值的确定是使用 AHP 层次分析法邀请城市规划、生态学、风景园林学的 15 位专家对上述指标进行综合评判，并采用 1、3、5、7、9 的标度方法请专家对指标的重要性进行评价打分，计算每一个指标重要性的平均值，通过 SPSSAU 平台自动构建出相对重要性判断矩阵，继而得到每一个指标的权重值，见表 6.5，一致性比率 $CR < 0.1$，通过一致性检验。按照此方法得到的权重值，其合理性和准确性与专家自身经验密切相关，故而具有一定主观性，但因可操作性较高在生态评价中应用普遍。

利用 ArcGIS 10.0 软件平台将植被供给和水源涵养评价涉及的所有指标分布图均转化成栅格数据，根据表设定的重要性分级值进行重分类，赋予专家打分计算所得的权重，全部叠加后得到山体生态重要性综合评价分值，将此结果与识别出的山体自然界限叠加进行裁剪，最终获得生态保育型山体的分级图。通过统计分析，遵义市中心城区范围内以凤凰山、老鸦山、府后山、板山为代表的 I 级保育山体占比 26.7%，且多分布于建筑相对较为密集的建成区内，城市与山体形成了极为密切的渗透关系，因此在高强度的人为扰动环境下，山体的保育面临巨大挑战；II 级保育山体和III级保育分别占比 34.4% 和 38.9%，主要与城市跳跃式发展的新区组团及零散分布的集镇呈交错互衬的关系，由于临山或近山地段是土地开发的热点区域，由此山体遭建设活动侵蚀的风险较大。

2. 基于生态脆弱性评价的生态修复型山体分级

遵义是全国地质灾害最严重的地区之一，山地生态环境的脆弱性是造成这里灾害频发最主要的因素，并且伴随人口持续增长、城市化加剧，本就脆弱的生态环境将面临更大压力。如前所述，由于岩溶地质环境的特殊性，加之遵义岩溶分布极广，面积占市域总面积的 65%，在较强的土壤侵蚀作用下极易诱发崩岗、垮山、滑坡、泥石流等多灾害的叠加风险，而石漠化是与土壤侵蚀息息相关的一种土地退化现象，尤其是在各种人为活动的干扰和破坏下，石漠化已成为严重制约遵义城市发展的生态问题。因此，对山体脆弱性的评价主要从土壤侵蚀强度和石漠化程度两方面展开（表 6.5）。

表 6.5　山体生态脆弱性指标评价

评价因子	指标	分级					权重
		极强	高度	中度	轻度	微度	
	赋值	9	7	5	3	1	
土壤侵蚀强度	降雨侵蚀力 / $(MJ \cdot mm \cdot hm^{-2} \cdot h^{-1} \cdot a^{-1})$	强 6.2～6.4	较强 6.1～6.2	中等 6.0～6.1	较弱 5.9～6.0	弱 5.8～5.9	0.1334

续表

评价因子	指标	分级					权重
		极强	高度	中度	轻度	微度	
	赋值	9	7	5	3	1	
土壤侵蚀强度	坡度 /%	险坡 46～60	急坡 36～45	陡坡 26～35	斜坡 16～25	缓坡 0～15	0.1153
	土壤质地	红壤土	紫色土 水稻土	黄壤土 黄棕土	石灰土	石质土	0.1075
	植被覆盖度 /%	0～20	21～50	51～70	71～80	81～100	0.1205
	土地利用类型	采伐迹地 火烧迹地	耕地 草地	竹林地、疏林地、灌木林地	乔木林地 苗圃地	建设用地 水域	0.1334
石漠化程度	基岩裸露率 /%	＞60	51～60	41～50	31～40	＜30	0.1749
	群落结构	无植被	草丛型	灌木型	乔灌型 乔木型	乔灌草型	0.0868
	土层厚度 /cm	＜10	11～20	21～30	31～40	＞40	0.1282

土壤侵蚀强度的估算目前采用最广泛的是美国农业自然资源保护局于 1997 年实施的通用土壤流失方程（RUSLE），其表达式为：$A = R \cdot K \cdot L \cdot S \cdot C \cdot P$，式中：$A$ 为土壤侵蚀量；R 为降雨侵蚀因子；K 为土壤侵蚀因子；L 为坡长；S 为坡度；C 为植被与作物管理因子；P 为水土保持措施因子。从通用方程上可以看出影响区域土壤侵蚀强度的主要因素有降雨、土壤、地貌、植被以及人类活动，因此从遵义市数据的可获取情况出发，选取降雨侵蚀力、土壤质地、坡度、植被覆盖度以及土地利用类型 5 个指标分级、赋值，结合权重进行综合评价。其中，降雨数据来源于遵义市气象站系列资料统计[1]降雨侵蚀力采用 Wischmeier 提出的利用年均降雨量和多年各月平均降雨量计算多年降雨侵蚀力 R 的经验性计算方法[2]在 GIS 中采用克里金插值法生成 1—12 月的降雨侵蚀力栅格图，通过叠加运算进而得到遵义市中心城区的年降雨侵蚀力综合分析图。需特别说明的是，土壤质地是根据文献对喀斯特山区土壤可蚀性 K 值的修正结果大小，对土壤易受侵蚀的风险进行分级排序（K 值越大，土壤越容易被侵蚀）；土壤侵蚀作用对不同土地利用的影响分级则是参照前人对贵州山区土壤侵蚀研究中 C 值

---

[1] 遵义市年平均降雨量为 1073 mm，根据各月历史气候信息，1—12 月的月平均降雨量分别为：24 mm、22 mm、38 mm、88 mm、150 mm、195 mm、154 mm、131 mm、95 mm、102 mm、50 mm、24 mm。

[2] 降雨量侵蚀力模型计算公式：$R = \sum_{i=1}^{12} \left[1.735 \times 10^{\left(1.5 \times \lg \frac{p_i^2}{P}\right) - 0.8188} \right]$，式中：$p_i$ 为月均降雨量（mm）；p 为年均降雨量（mm）。

的赋值原则，即建设用地、水域对土壤侵蚀最不敏感，由采伐、火烧造成的迹地对土壤侵蚀的影响最大，其次是耕地和草地，包括乔木林、竹林、灌木林、苗圃等在内的林地对土壤侵蚀影响较小。

石漠化现象的形成主要是由于植被不断遭到破坏，加上土壤侵蚀造成基岩出露，因此岩石裸露率是石漠化等级划分的一个重要依据。目前该指标的测度是采用水利部为岩溶地区制定的一套石漠化遥感解译标准《岩溶地区水土流失综合治理技术标准》（SL 461—2009），并通过计算基岩裸露率 ❶ 将石漠化程度划分为 5 个等级：无明显石漠化、潜在石漠化、轻度石漠化、中度石漠化、重度石漠化。在二类调查中，以上述方法为基准根据遵义中心城区基岩裸露的实际情况，以 30% 作为石漠化和非石漠化区域的临界值，基岩裸露率每增加 10% 设置一个判别级别。另外，岩溶地区特殊的土壤母质特性也是石漠化形成的重要诱因，由于石灰岩风化缓慢且风化后残留物少，形成的土层十分浅薄，导致蓄水保肥力弱，造成石漠化的风险极高，因而以土层厚度作为评价石漠化程度的一个参考指标，同时考虑植被群落结构，往往结构复杂具有高植被覆盖度的区域石漠化风险越小。

与山体生态重要性评价的方法一样，采用多指标加权求和的方法计算山体生态脆弱性指数，并将所有指标按表设定的脆弱性分级值进行重分类，赋予专家打分计算所得的权重，权重值同样通过 SPSSAU 平台计算获得，全部叠加后得到山体生态脆弱性综合评价分值，再与山体自然界限叠加进行裁剪，最终获得生态修复型山体的分级图。通过统计分析，遵义市中心城区范围内需 I 级修复的山体占比为 18.7%，重点分布在主城区与新区之间的大型山体与连续山脉间，如生态重要性较高的板山及新蒲南侧山脉，经评价其生态脆弱性也较高，说明这一区域极易受到城市建设活动的影响。II 级修复型山体占比 36.5%，多集中在近 10 年向东拓展以及南北填充的城市组团周边，尤其沿主要交通干道旁侧呈分散或连片状分布，从而使山体自然界限呈现出穿孔、分隔、破碎化的趋势，说明城市建设对山体的侵蚀正在加剧，山体生态功能的极不稳定状态表现为对外力干扰的敏感和各类灾害的易发，因此亟待制定修复策略对其退化的生态功能进行恢复。

---

❶ 首先通过增强型植被指数法建立研究区石漠化信息提取模型，得到每个像元的石漠化指数 D_i，其次选用"像元混合"条件下的等密度模型，通过石漠化指数的函数运算得到每个像元的基岩裸露率。公式为：$D_{gi} = \dfrac{D_i - D_{\min}}{D_{\max} - D_{\min}} \times 100\%$，式中：$D_{gi}$ 为第 i 个像元的基岩裸露率；D_i 为第 i 个像元的石漠化指数；$D_{\max}$ 和 $D_{\min}$ 为研究区石漠化指数的最大值和最小值。

6.3　水系资源的模拟与分析

面对建成区扩张以及工程措施下城市水文过程与功能的根本改变，以 ArcGIS 平台为支撑，以城市小流域为分析尺度，首先通过技术性方法对遵义中心城范围内自然水系的水文过程进行模拟，识别出具有重要水文功能的河道，借助水系分级普遍应用的斯特拉勒（Strahle）分级法对河道等级进行划分，并对集水区进行整合，划分出次级小流域，以水系分级的管理单元作为防洪及河道治理的依据。其次，基于目前人工管理下的防洪系统，以维护城市雨洪安全为目标，综合考虑河道、水库（包括集中式饮水水源地）对洪水调蓄发挥重要作用的要素，根据《遵义市中心城区防洪应急预案》中预警级别确定的洪水水位，采用有源淹没的方法借助 ArcGIS Engine 平台开发出的用于模拟不同洪水风险频率淹没过程的 Add-in 插件，划分出不同安全等级的淹没范围，以此为依据留出可供调洪蓄洪的湿地范围和河道缓冲区，达到降低洪涝风险的目的（图 6.3）。

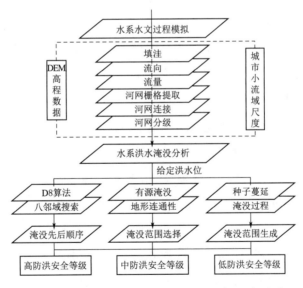

图 6.3　水系资源模拟与洪水淹没分析技术路线

6.3.1　城市水系水文过程模拟

在 ArcGIS 10.0 软件平台中，以研究区 30 m 分辨率的 DEM 数据为基础进行水文分析。首先通过"填洼"操作填充 DEM 数据表面栅格中的"汇"来移除数据中的小缺陷，执行此操作的目的主要是因为采用 D8 单流向算法对水流进行模拟时，一旦遇到洼地，周边的水流就会向此洼地汇入从而导致断流，这与现实中水会向多方向流动不易断流的事实不符，因此为避免这一问题，先将洼地填平确保水流连续；接着进行"流向"操作，创建从每个像元到其最陡下坡相邻点的流向栅格，再进行"流量"操作，以获得每个像元累积流量的栅格数据，但是这里的流量并不是水文监测中的实际水流流量，而是基于流向分析结果的一个栅格累积计算结果，因为 D8 算法是在无限降雨、不考虑土壤下渗、植被吸收等因素的前提假设下通过径流范围定义的河流，故而适用于对河流形态的定性辨识；在进行河流网络栅格提取时，设置流水累积量栅格（flow accumulation）的单元值阈值为 100，大于该值的格点为沟谷线上的点（赋值为 1），连接各个沟谷线上的点即得到河流网络栅格；最后进行"河网分级"操作，采用水文学中对水系形态和水文要素综合描述较好的斯特拉勒（Strahler）分级法，将直接发源于河源且没有支流汇入的水系定义为一级，两个相同级别的水系汇入某一河流时，河流等级增加一级，若汇入水系等级不同，则与最大等级的河流等级相同，以此类推得流域中各段河流的级别。

经上述操作步骤模拟，以保留二级以上河流、对水域面积小于 2 km² 的一级河流中的小溪流和小沟渠进行剔除为原则，参照现状河流分布进行结果修正，最终获得遵义市中心城区的水系结构，共划分出 3 个次级小流域：湘江河次级小流域、洛安江次级小流域和岩底河次级小流域，以此作为河道治理的参考。但判断河流水文功能的生态重要性，并不是等级越高重要性越强，河流的流域面积、与其他河流的关系以及其功能定位等都是要综合考虑的因素，如高坪河、喇叭河、仁江河等因与湘江干流关系紧密、水域面积相对较大，且又与周边山体相依，故而重要性较高。

筛选出二级以上的河流作为重点研究对象，从长度、宽度、水域面积、功能定位4 个方面对中心城区范围内的河流相对重要性进行比较（表 6.6），最终确定河流生态重要性等级。另外，从遵义市水务局获取的水库统计数据中，以库容、类型作为反映水库特征的参数，筛选出具有防洪、供水、灌溉、景观重要功能的 39 个水库与河流共同构成城市水系格局。

表 6.6　遵义市中心城区水系等级划分及河道治理参考

次级小流域	河流等级	河流名称	起 止 点	长度/km	宽度/m	水域面积/km²	功能定位
湘江次级小流域	四级	湘江河	龙溪桥至皇坟嘴至深溪大土段直至与仁江河交汇处	69.5	20～55	4878	渔业、农业
	三级	湘江河	高桥污水处理厂至与龙溪桥	13.5	20～35		景观、防洪

续表

次级小流域	河流等级	河流名称	起 止 点	长度/km	宽度/m	水域面积/km²	功能定位
湘江次级小流域	三级	洛江河	东欣桥至洛江大桥至与湘江交汇处	5.6	18～25	709	排涝、景观
		官庄河	官庄水库至中桥水库交汇处	10.0	20～30	23	排涝、景观
		深溪河	谢家坝至深溪大道	10.5	2～28	44.9	排涝、景观
	二级	高坪河	禾麻沟至汇仁中学	24.9	20～30	140.5	生态、农业、防洪、景观
		喇叭河	北郊水厂至高桥污水处理厂	28.2	14～46	111.3	生态、景观
		仁江河	务遵高速至与湘江交汇处	13.5	13.5	678	饮用、工业、农业
		汇水河	峰林坡至新田路段	14.5	5～10	15.8	排涝、景观
		忠庄河	智慧名城至保利未来城	8.5	2.5～14	24.5	排涝、景观
		洛江河	智慧名城至南郊水库	27.5	20～45	709	渔业、农业、饮用、景观
		干溪河	市委至长沙路	8.9	5～10	12.7	排涝、景观
		高桥河	沙坪村至高桥	7.5	15～20	23	排涝、景观
		虾子河	龙礼路至石佛路	6.6	1～5	10.7	排涝、景观
		蚂蚁河	栏河坝至播州区土寨坝	22.5	10～16	62.2	工业、农业、排涝、景观
		礼仪河	山王殿至礼仪村	12.0	3～8	25.7	排涝、景观
		坪桥河	长岭岗至雷子包山	11.5	2～14	13.4	排涝、景观
		三坝河	G326国道至新龙大道	16.8	2.5～15	29.06	排涝、景观
		马家河	青岗堡至马家河水库	7.8	5～10	10.6	排涝、生态
		渔剑河	龙坪段	15.5	8～35	192.02	渔业、农业、景观
洛安江次级小流域	三级	洛安江	与巴洋河（堡顶）交汇处至杭瑞高速段	26.5	10～35	709	排涝、景观
	二级	巴洋河	堡顶至新舟镇	9.5	5～10	75.6	渔业、农业
		洛安江	堡顶至与绿塘河（李石堰）交汇处	21.5	10～35	709	渔业、农业
岩底河次级小流域	三级	岩底河	三岔镇段（与三岔河交汇）	7.5	15～25	74.3	渔业、农业、景观
	二级	三岔河	三岔镇至瑞安水泥厂	14.0	3～12	21.5	排涝、景观
		苟江河	东风水库至宝峰村	26.0	4～18	35.6	排涝、景观

注 水系长度、宽度数据来源于《遵义市中心城区蓝线控制规划（2015—2030）》；水域面积（按河流全流域统计）数据来源于《遵义市中心城区海绵城市专项规划（2016—2030）》。

6.3.2　城市水系洪水淹没分析

借助 GIS 的空间分析与可视化表达功能，以 30m 分辨率 DEM 数字高程数据为基础，运用插值方法通过"data management"工具箱中的"Raster"工具集中的 resample（重采样）工具，将栅格数据的分辨率提升至 9 m，从而提高洪水淹没模拟结果的准确性。利用《遵义市中心城区防汛应急预案》中根据水力 – 水文模型计算预测的不同重现期（20 年一遇、50 年一遇、100 年一遇）的洪水水位，应用 D8 算法对洪水淹没范围进行模拟❶。针对遵义多丘陵的地域特征，采用有源淹没的同时运用 D8 算法确定洪水淹没区分析流程如图 6.4 所示，首先从河岸或水库堤坝处任选一高程低于洪水水位的栅格点作为"种子"，对以"种子"为中心每隔 45° 的 8 个方向的栅格展开搜索，将八邻域中搜索到的低于洪水水位的栅格点与给定洪水水位进行距离权落差计算，具体计算方法为垂直或水平方向的栅格点距离权落差等于高程差，对角线方向的栅格点的距离权落差等于高程差除以 $\sqrt{2}$，通过比较计算结果，占据最大距离权落差的栅格成为最先被淹没的区域，因此成为新的"种子"，继续运用 D8 算法不断迭代直到完成整个研究区的遍历搜索，将所有满足条件且与种子具有连通性的点的集合作为洪水淹没区，这种以种子为中心的扩散探测算法在南方丘陵地区的洪水淹没近似模拟中应用效果较好[118]。

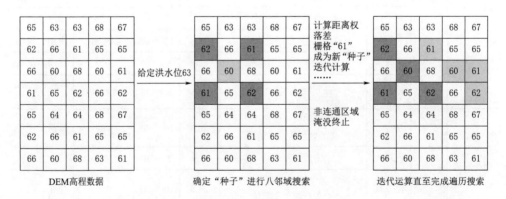

图 6.4　洪水淹没区分析流程示意图

---

❶ "给定水位"是一种近似模拟洪水淹没范围的方法，更精确的模拟应以水动力学模型为基础，相较而言，通过"给定水位"进行洪水淹没计算更加简便，也便于实现可视化表达，因此在实际中被广泛应用。而 D8 算法作为一种典型的单向流算法，在模拟水流方向时是将流路简化为由 45° 划分的 8 个方向之一，虽然这与水流向多方向流动的实际情况不符，但其耗费的计算时间和占用的计算资源相对较少，因此应用广泛。

为了实现对遵义中心城区
洪水淹没范围的空间可视化表
达和定量测算，借鉴前人针对
传统有源淹没递归、迭代算法
易出现的堆栈溢出问题所做的
种子蔓延算法优化思路，运用
C# 编程语言对八邻域搜索、
有源淹没、种子蔓延等核心算
法进行编写，并借助 ESRI 的
ArcGIS Engine 平台进行 Add-
in 插件的开发，用于模拟不同
防洪安全水平下的洪水淹没过
程，从而为山水资源的整合提

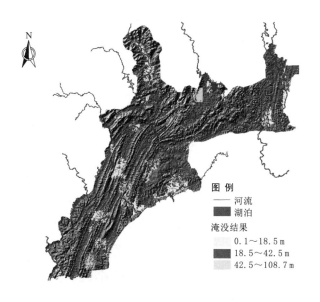

图 6.5　遵义市中心城区三种安全水平下的
洪水淹没风险区

出决策依据。用同样的方法步骤对遵义中心城区的主要水库和水源地进行分析，可获
得水库周边不同安全等级的洪泛区域，由此和河道网络共同构成区域水系的整体防洪
安全空间格局。最后，选取"淹没水深"数据对生成的栅格数据进行渲染，划分高、中、
低三个等级的洪水淹没风险区，以此对应不同防洪安全水平下的空间格局（图 6.5），
同时截取礼仪河和中桥水库放大显示淹没模拟效果（图 6.6）。

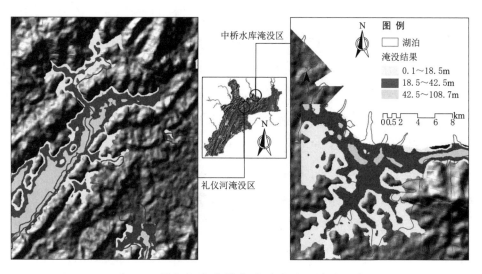

图 6.6　礼仪河和中桥水库的淹没区范围示意

6.4 山水资源的整合重塑策略

6.4.1 图底反转

1. 尊重自然力的山水要素优先布局

上述山体资源的辨识与评价以及水系资源的模拟与分析，可视为蓝绿空间的本底精读过程，旨在为城市建成空间的发展提供一个理性框架，同时也是对"反规划"理论所提出的"图底反转"策略进行的定量实证研究。藉以该理论提出的"景观生态安全格局"，在国土、区域以及地方尺度的实践累积，从遵义城市与自然山水紧密融合的历时空间结构出发，首先在尊重自然力的前提下，整合通过地貌辨识和水文模拟获得的自然山体和重要水系，对山水要素进行优先布局；其次结合从山体生态安全和水系防洪安全两方面分析所得的结果，共同建立为区域生态系统服务提供健康和安全保障的整体山水格局。由于生态重要性、脆弱性以及洪水淹没存在不同等级的安全水平，因此整合叠加后的山水格局也应是一个具有多级安全标准的多解方案。而多解意味着从自然过程入手的空间格局依然存在不确定性，但与传统城市规划以经济发展、人口增长、政策导向等因素为主导进行的空间布局和发展决策相较，自然山水要素在很大程度上是已知且非假设的，这就使规划作为一种对未来的现在决策，对变化的把控力更强，而规划过程本身就是一种带有实验性的实践，因此立足于相对可控因素，对多种可能性进行分析，过滤出仍然存在的"剩余不确定性"而采取"分层转化、逐层明确"的应对策略，是对具有复杂、开放、动态特征的空间系统的响应。

面对上述"剩余不确定性"，可借鉴管理学领域根据不确定性程度划分的四个层次的不同分析方法对山水格局的多解方案进行决策，正如在上一章中所论述的，由山水作为主要构成要素的蓝绿空间与建成空间实则是一种空间博弈的过程，其中不仅涉及具有生态伦理意义的人与自然的博弈，还涉及不同利益群体之间的博弈，显然在多种因素互相制约和影响的环境下，山水格局是无法完成单一性前景预测并能精确到单一战略方向的。当各因素之间的内在联系错综复杂且又随时间不断变化时，为了使决策结果更具指针性，最基本的思路就是应用"降维"进行整合叠加，把处于多维关系中的复杂因素通过分类归纳，将"不明确的前景"（第四层次）转化为有一定变化范围（第三层次）或是有几种可能的前景（第二层次），而当"前景有一定变化范围"（第三层次）又可通过划分若干有限单元，采用综合加权的方法将其转化为"一些可能的结果或离散的情境"（表6.7），继而运用博弈的决策分析方法评价每一种可能固有的风险和受益[119]。

表 6.7　"剩余不确定"的层次划分及分析方法

层次划分	第一层次（点）	第二层次（线）	第三层次（面）	第四层次（体）
图示	前景清晰明显	前景有多种可能	前景有一定变化范围	前景不明确
分析方法	利用各影响因素之间清晰的函数关系达到预测的单一目标	在分析剩余不确定因素如何减弱的基础上设计一组离散的未来情境，进行博弈决策	将变化范围划分为若干有限单元，对单元进行综合加权后得到几种有限的未来情境，采用第二层次的方法对每种情境进行风险和受益评价	采用降维法将不明确的前景简化归纳为关键要素，采用第二、三层次的方法进行决策分析，并对影响关键要素的重要因素进行分析

为了使设计的有限情境能够更加集中地指向未来结果，可将由多个影响变量综合叠加后的山水格局划分为"高、中、低"三个不同安全标准等级的空间结构（图6.7），以此对应在未来一段时间内可能呈现的三种发展态势，即利用优先导向下的底线山水格局、兼顾保护和利用的满意山水格局、保护优先导向下的理想山水格局。

2. 适应自然力的城市发展建设约束

从第5章遵义市中心城区近20年蓝绿空间与建成空间的剧烈博弈现象可知，自然环境约束力、经济发展助推力以及政策调控牵引力是影响空间形态和结构发展变化的主要驱动力，基于经济快速发展和增长型政策双重胁迫下自然约束力明显下降、蓝绿空间被大量侵占的现状，协调城市空间扩张与自然山水本底保护的矛盾日益突出。因此，以上述在"反规划"理念下从不确定性分析入手预判的三种情境为研究对象，通过博弈分析探讨自然力与非自然力的"合作"情境，使传统城市规划以人口、经济发展为依据确定的建设用地规模，和与维持自然过程连续性和完整性的山水格局相协调，从而引导蓝绿空间与建成空间的重塑。

根据综合增长率法、经济相关分析法和逻辑斯蒂曲线模型修正三种方法综合预测的结果，至2030年遵义市总人口为950万，至2050年达1030万，并考虑到资源环境

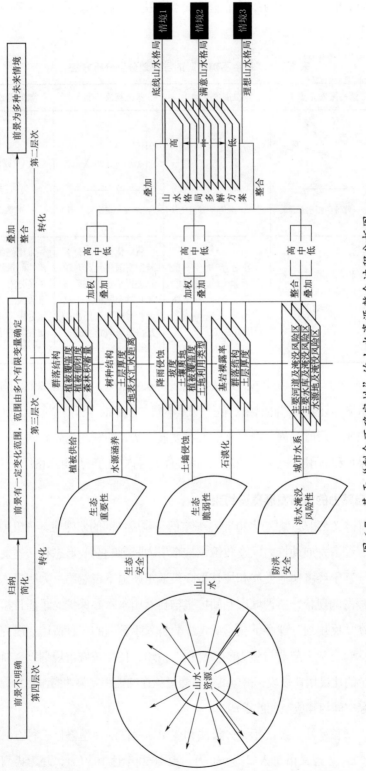

图 6.7 基于 "剩余不确定性" 的山水资源整合过程分析图

承载力建议人口控制在 1100 万 ❶，可见 2030 年以后遵义将进入平稳增长期，城市空间扩张与新增建设用地的强依赖关系逐渐减弱，而在未来的 10～15 年，遵义的城镇化将进入 50%～70% 的中后期，从 2017 年遵义城镇化率突破 50%，这就意味着遵义作为西南地区除了省会之外最大的城市，其对人口的集聚效应将越来越显著。尤其是伴随工业化的转型和服务业的快速发展，资源环境对人口城市化承载力相对较强的中心城区将迎来建设高峰，从 2010 年后中心城区建设用地和人口规模的极速增长即可看到这一趋势。根据一般大城市中心城区人口可达市域总人口规模 35% 的发展规律，推测至 2030 年遵义市中心城区的人口将从目前的 200 万规模激增至 332 万人，这其中既包含户籍人口的返乡回流，也包含现代服务业发展支撑下的外来人口增长，到 2050 年达385 万人，按《城市用地分类与规划建设用地标准》（GB 50137—2011），根据现状人均建设用地规模给定的规划取值区间，结合山地城市用地紧张的实际，以 100 m²/ 人的建设用地指标确定城市空间未来 30 年的扩张规模（表 6.8）。

表 6.8 遵义市中心城区现状和规划人口规模

	年份	人口 / 万人	人均建设用地 /m²	总建设用地 /km²
现状	2010	79.5	82.16	65.32
	2015	130	74.42	96.74
	2020	200	86.86	173.67
规划	2030	332	100	332
	2050	385	100	385

其次，利用 ArcGIS 空间分析对上述城市空间的扩张过程进行模拟，目前 CA-Markov 和 FLUS 模型是城市扩张模拟应用最为普遍的模型，而本研究为了揭示建成空间克服山水要素所构成的蓝绿空间的阻力实现空间扩张的博弈过程，选用 MCR 最小累积阻力模型，虽然在模拟精度和准确性上与上两种模型相比不占优势，但却能直观地反映城市空间在克服自然约束力的情况下所呈现出的不同发展情境。该模型涉及三个主要因子，即"源""距离"和"界面阻力"，将通过遥感解译获得的现状建成空间斑块作为"源"，对山体生态功能评价与洪水淹没分析所得的不同安全等级分别

---

❶ 根据联合国粮农组织限定的人均 0.8 亩耕地警戒线，遵义现状耕地最多承载 1580 万人；按照国际公认的人均 1000 m² 的水资源标准，遵义现状水资源可承载 1700 万人，但遵义只有 16.8% 的地表水资源可供利用，因此按人均综合用水指标 256 m²/ 人计算，遵义最大的人口规模应该在 1100 万左右。

赋予不同阻力值，一般而言，生态安全等级越低、洪水淹没风险越小，城市跨越该用地的发展难度越小，所附的阻力系数也越小，此外，还考虑到城市扩张选所依托的诸多非自然力条件，如经济技术和增长政策导向等，从中选取交通因素作为城市空间发展促变的主要诱因，根据距道路的水平距离远近分级赋予不同的城市扩张阻力值，具体赋值参考已有研究[122]，利用 GIS 空间分析的"成本距离"（cost distance）模块建立以现状城市空间为"源"克服阻力界面的扩张趋势面，并分别截取扩张到 332 km² 和 385 km² 的范围，以此作为定量测度未来蓝绿空间与建成空间博弈的依据。

另外，同样采用 MCR 模型，阻力界面建立仅考虑引导城市扩张方向的交通因素以及决定山地城市建设适宜程度的坡度因素，模拟城市空间在非自然力主导下的蔓延格局（附图1），与适应自然力的三种不同情境下的城市扩张格局形成对照（表6.9）。其中，利用优先导向下的底线山水格局仅保留了对维护植被供给和水源涵养，以及土壤侵蚀和石漠化高风险的山体区域，还有现状城市水系和最易发生洪水淹没的区域，其余用地均作为城市扩张的发展空间，从附图2可以看出，呈散点式分布的山

表 6.9　非自然力和自然力主导对照下的城市空间扩张阻力表

对照组	非自然力主导下的城市空间扩张			研究组	自然力主导下的城市空间扩张	
	阻力因子	分级条件	阻力赋值	阻力因子	分级条件	阻力赋值
以现状城市建设用地为"源"，通过最小累积阻力模型建立城市空间扩张的阻力界面	交通条件（根据离道路的水平距离分级设定）权重：0.6	0 ~ 200 m	10	交通条件（根据离道路的水平距离分级设定）权重：0.4	0 ~ 200 m	10
		200 ~ 400 m	20		200 ~ 400 m	20
		400 ~ 600 m	30		400 ~ 600 m	30
		600 ~ 800 m	40		600 ~ 800 m	40
		⋮	⋮		⋮	⋮
		> 2000 m	100		> 2000 m	100
	坡度条件（根据影响建设成本和安全的坡度适应程度分级设定）权重：0.4	< 5°	1	生态安全（根据山体生态重要性和脆弱性综合评价分级设定）权重：0.3	高生态安全	100
		5° ~ 10°	10		中生态安全	50
		10° ~ 15°	20		低生态安全	30
		15° ~ 25°	30	洪水风险（根据河道、水库、水源地洪水淹没风险等级设定）权重：0.3	高洪水风险	100
		> 25°	100		中洪水风险	50
					低洪水风险	30

体以及骨架式串联的水系将城市建成空间切割为若干组团，但由于满足了 385 km² 的规划建设用地需求之余，还有 366.31 km² 的弹性增长空间，若对山水要素的管控和保护不力，城市发展建设在经济技术提升的情况下连片趋势将不可避免；而在兼顾保护和利用的满意山水格局中，包括底线以及生态重要性、脆弱性和洪水淹没风险均较高的区域都得以保留，使山水格局的完整性和连通性大大提升，可供建设的弹性发展面积虽缩减至 172.63 km²，但完全可以满足 2050 年规模预测的发展之需，且蓝绿空间与建成空间呈现出"犬牙交错"的交融状态，增加了蓝绿空间与建成空间的接触面（附图 3）；若不一味以规模扩张为前提，而是在保护优先的理念下将辨识出的所有山体水系和洪水可能淹没的区域都作为城市发展的建设约束，在城市理想的山水格局中使生态系统的服务功能得以最大限度的发挥，虽然未来城市土地利用的规划预测需求可以保障，但是冗余空间非常有限，仅余 43.10 km²，并且被完整山水格局阻隔的城市空间组团，分散的布局使资源的集约利用率较低、维持生活成本相对较高（附图 4）。

综合对比以上情境，保留底线山水格局虽然在针对性保护的前提下为城市预留了较多弹性发展空间，但对地形本就破碎、连通性较差的遵义而言，底线山水格局并未对生物栖息提供有力保障，而理想山水格局则在强调环境限制中保留了城市中较为完整的山水要素，并对有可能产生的生态安全隐患积极防御，但为了加强分散布局的城市小组团间的联系，城市基础设施的建设投入量便会加大，因此兼顾保护和利用的满意山水格局为即将进入城镇化和工业化中后期的遵义城市发展，提供了一种相对合理和可实施的规划和决策依据，但也不排除未来经济增长的生态转向可能，高品质的人居环境营造将成为获得城市持续发展的新动力，故而使保护优先下的理想山水格局成为引领城市发展的主导。基于以上分析，目前可将对维护生态安全、支撑城市经济社会可持续发展具有重要作用的满意山水格局优先纳入生态红线管控范围，通过要素管控的方式建立生态保护红线的协调机制，同时通过分类分级、适度拓宽山水资源利用方式加强对理想山水格局的保护。

6.4.2 要素管控

1. 山体资源的分类分级保育

根据通过技术性方法所辨识的山体自然界限以及通过功能性界限评价所得到的山体分类分级结果，提出在山体保育目标下能够促使规划主体达成共识的具体策略，以实现遵义加速统筹快速推进城市化进程中对山体的有效保护和持续修复，提升山体生态服务的供给能力。

生态保育型山体是具有高植被覆盖度和郁闭度特征，群落结构相对较完整，森林资源丰富，同时在水源涵养方面也发挥重要生态价值的山体。生态修复型山体是具有土壤侵蚀高风险，且石漠化现象较严重，亟待进行生态修复的山体。由于遵义的城市空间在山间谷地生长，又在浅山地带向山体渗透，"城山共融"的特色极为凸显，因此为尽可能协调山体自然资源保护与利用的关系，应针对不同类型的山体主导功能，对建设活动及业态形式进行分级管控与引导，从而有序释放城市开发压力（表6.10、表6.11）。

表6.10　生态保护型山体分级管控与业态引导

级别	管控原则	管控要求	业态引导	备注
Ⅰ级	保护优先：保护山体延续性肌理及自然生态的安全稳定；维护生物多样性，保护原有自然植被；保证生态系统良性循环	●除允许依法依规建设消防、能源、通信、气象、地震监测和生态游步道等公共基础设施外，严格禁止其他建设行为； ●因保护、管理、教学、科研及其他特殊情况，需进行相关开发活动的，应获自然资源局批准后实施； ●以保护山体的完整性为主，加强山林植被和生态景观建设，以贴近自然状态为主导，确保结构立体、物种丰富的山体生态景观； ●封山育林、严禁擅自采伐，构建原生及迁徙动物栖息地；积极引导居民点迁出安置	教育、科研、文化、宗教、旅游	属禁建区纳入生态保护红线
Ⅱ级	合理利用：挖掘山体自然景观、历史人文等景观资源，增强山体的生态屏障和景观渗透功能	●除允许上述规定的基础设施建设外，可适度建设发展山地旅游及高效林业所需的配套服务设施，限制与山体保护不相符的其他建设活动； ●在现有植被的基础上选择区域适宜树种进行造林、绿化，提高山体植被覆盖度和郁闭度，充分发挥山体资源价值	旅游、林业、文化、康养	属限建区部分纳入生态保护红线
Ⅲ级	低影响开发：统筹生态、经济、社会综合效益，在维护山体完整及现有植被不被破坏的条件下执行限定条件和区域的开发	●在保护山体自然环境的基础上，引导与环境适应的开发行为，调控山体开发建设的强度与规模，遏制侵蚀山体修建大规模的基础设施以及大体量建筑的建设活动； ●要求加强山体周边建设与山体景观风貌相协调；丰富山体的驻足和游憩空间	居住、农业、交通、游憩	属一般限建区不纳入生态保护红线

表 6.11　生态修复型山体分级防控与业态引导

级别	防控原则	防控措施	业态引导	备注
I 级	因地制宜、因害设防：针对土壤侵蚀较严重，易发生地质灾害、山体滑坡等安全隐患，以及强度和极强度石漠化地区进行多种修复方式的联合治理	●针对土壤贫瘠且理化结构较差的山体区域实施植被修复和土壤改良，在采取封禁治理的同时为了提升修复和改良速度，可通过人工撒播草种、灌草快速恢复、鱼鳞坑蓄水等技术手段对裸岩石砾地的植被进行修复，另外通过大力建设与绿色产业相配套的风景林、水保林以及水源涵养林，利用人工植物群落的林冠截留以及枯叶层产生的地表下垫面改变，防治水土流失，并利用植物群落根系纵横交错增加地表固土能力，使退化的生态系统得以逐步恢复； ●针对过度垦殖和砍伐、山林植被稀疏、农林经济产出较低的区域可对其实施退耕还林，提高水土保持能力	大力发展林草畜牧等高附加值、低损害型产业	属生态敏感区纳入生态保护红线
II 级	自然修复与人工干预相结合：利用自然的自我修复能力，辅以适当的人工措施，使山体原有的生态功能得以改善和恢复，并对破损山体进行积极治理	●针对中低覆盖的灌丛草坡、林木稀疏的矮灌丛以及尚处于退耕还林区域，采取自然恢复与人工干预相结合的措施，以加快修复速度，并对植被组成和结构进行优化，如在针叶林或其他先锋林中，采用透光抚育或是择伐先锋树种的方式，加速植物群落向着高生态效益演替，通过多层次、多物种的人工植物群落，为其他生物营造稳定生境，促进生态系统多样性的形成，逐步改善水土流失和降低石漠化风险； ●针对因煤矿开采、山区不合理的采樵放牧、坡地开荒、旅游开发以及交通、水电等基础设施建设项目造成的山体破损，及时采用人工治理措施进行修复和改造，同时对保护修复区域内的建设项目进行严格审批和验收，加强对停采矿区的日常巡查，以遏制山体破坏和侵占行为进一步加剧	推广林粮间作、果牧畜多产联合的产业发展模式	属生态较敏感区域部分纳入生态保护红线
III 级	以防为主、调整优化：对具有潜在石漠化和水土流失风险的区域注重防范，以加大产业结构调整、促进生态产品增值的方式使生态修复得以落实	●采用人工手段对具有潜在风险的山体进行排险加固以确保山体安全；对适宜绿化和满足复垦条件的山体进行综合绿化修复，并结合土地开发项目实施综合治理； ●通过建立绿色产业集群，实现从被动保护到主动利用的转型，结合地方产业发展实际和目标，调整产业结构，设置绿色产业准入机制，优选具有科技创新潜力的产业入驻，实现生态产品从传统农产品等初级产品向旅游、教育、文化体验、健康科技、生物科技等中高级产品的增值	重点发展绿色农业和绿色服务业	不纳入生态保护红线

2. 水系资源的分级分段维育

结合遵义市河流现状与河道整治的实际情况，根据河流水文功能的生态重要性分级结果以及洪水淹没的模拟范围，最终确定河流沿岸的绿化缓冲区以及洪泛缓冲区，共同纳入河流廊道的整体结构。考虑到中心城区的部分河道已经完成渠化和堤防工程，因此按照有堤防的人工河道和无堤防的自然河道两种情况进行绿化缓冲区的设定，对于长度较长的河流，根据其流经区域的用地类型进行区段划分，并结合洪水淹没模拟生成的洪泛区域，对建设进行引导的同时发挥多样的生态服务功能，如保障农业生产、提供生物栖息地、营建滨水游憩带、调节洪水等（表 6.12）。另外为保障城市供水和农业灌溉，同样对水源地及水库周边进行缓冲区设置，以满足供水和水源涵养的需求，提高城市饮用水源质量，减少城市建设对入库水流的水质污染，为疏通人工灌溉渠道、提供农林生产用水创造条件（表 6.13）。

表 6.12 遵义市中心城区河流廊道分级分段管控引导

等级		Ⅰ级	Ⅱ级	Ⅲ级	Ⅳ级
河流名称		湘江河、高坪河、喇叭河、洛江河、洛安江、仁江河	蚂蚁河、礼仪河、巴洋河、三岔河、苟江河、高桥河、忠庄河、三坝河、深溪河、鱼剑河	干溪河、虾子河、坪桥河、官庄河、马家河、汇水河	流域面积小于10 km² 的其他小溪流和小沟渠
绿化缓冲区	有堤防河段	≥30 m 高密度地段保证不小于 12 m 的绿化带	≥12 m 高密度地段保证不小于 6 m 的绿化带	≥6 m	≥6 m
	管控引导	有堤防的河道按照堤防的形式以迎水坡堤顶线或堤脚线外延安全距离确定为水域控制线范围，留出沿河道两侧至少 6 m 的植被缓冲带，结合两岸土地利用现状和规划，适当增加缓冲带达 12～30 m 宽度，使之满足鸟类和地被植物栖息和生长的最低要求			

等级		Ⅰ级	Ⅱ级	Ⅲ级	Ⅳ级
	无堤防河段	≥ 60 m 有较高的生物多样性和林内种	30 ~ 60 m 能基本满足生物多样性保护功能	12 ~ 30 m 生物多样性较低但包含多数边缘种	≥ 12 m 满足草本植物和鸟类迁徙的最小临界值
	管控引导	无堤防的河道按照现状河流上口线确定为水域控制线范围，尽量保留和恢复现有的自然驳岸，确需进行堤岸防护的河段，采用人工自然型的河岸技术手段，尽量避免固化和护砌，维育河道与河岸的连通性，保护鱼类、两栖类动物的生境			
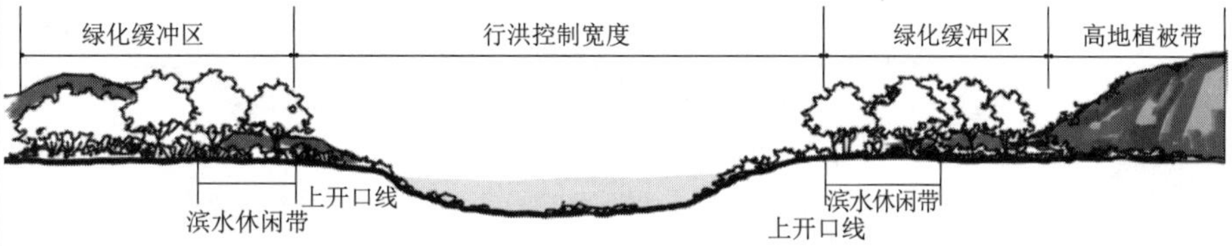 绿化缓冲区					
	自然段图示				
	管控引导	对洪水淹没潜在范围内的自然湿地进行恢复和建设，借助人工措施对湿地及周边山麓的植被进行栽植和保护，在适当的位置营造滨河防护林，以森林边缘效应的宽度作为生物廊道的理想值，在人为扰动较小的区域建立林内生境，促进生态系统的自然演替和多样性的形成			
	城郊段图示				

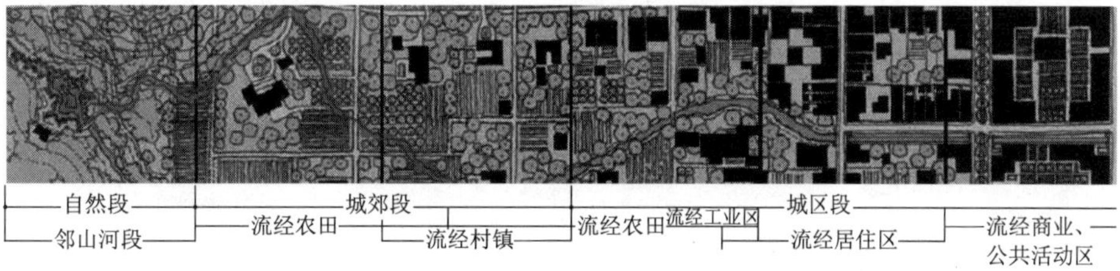

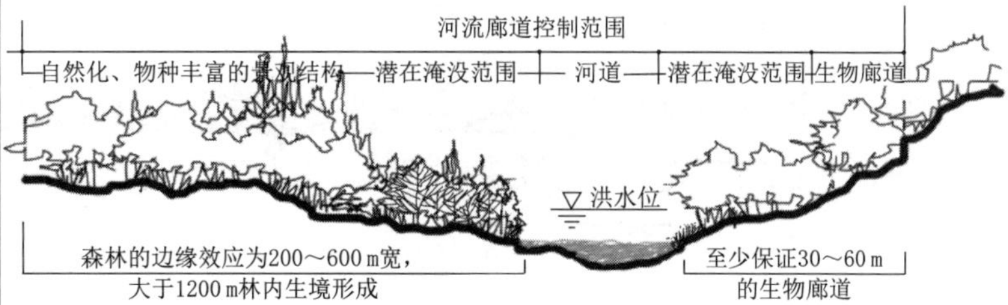

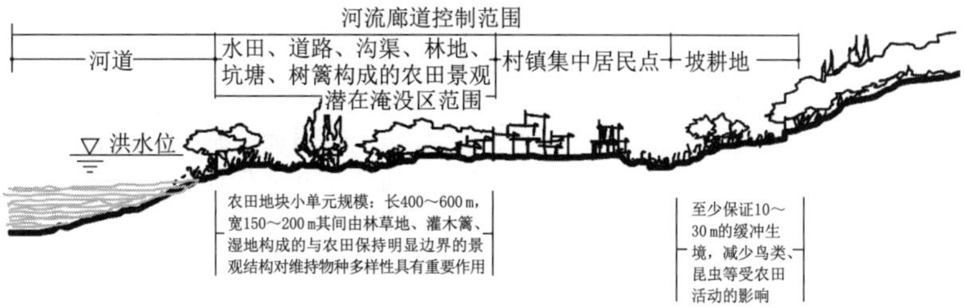

等级		Ⅰ级	Ⅱ级	Ⅲ级	Ⅳ级
绿化缓冲区	管控引导	对洪水淹没潜在范围的风险水平进行评估，高风险区域应严格禁止村镇建设，并对影响防洪的合法建筑由政府组织进行补偿性拆除或改造，对已被人工化改造的关键点，如河流交汇处、河流出山谷的位置、河流进水库的位置等，建议实施退耕还湿和生态河岸恢复；中风险区域可以保留农田，建议种植高秆、耐淹、早熟作物，并与沟渠、林地、坑塘、灌木树篱带共同构成维育物种多样性的农田生态系统			
	城区段：流经工业区图示	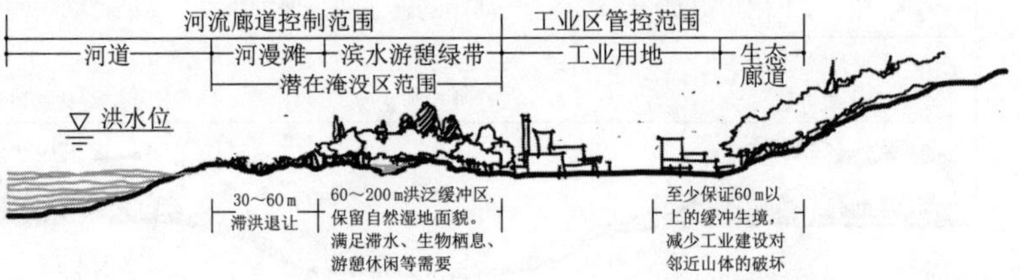			
	流经居住区图示	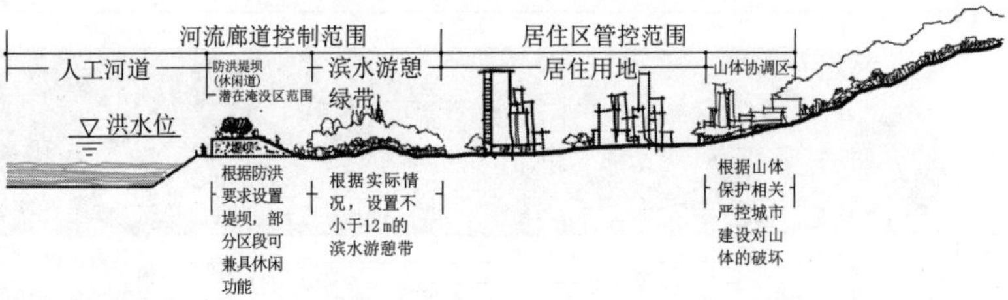			
	流经商业区图示	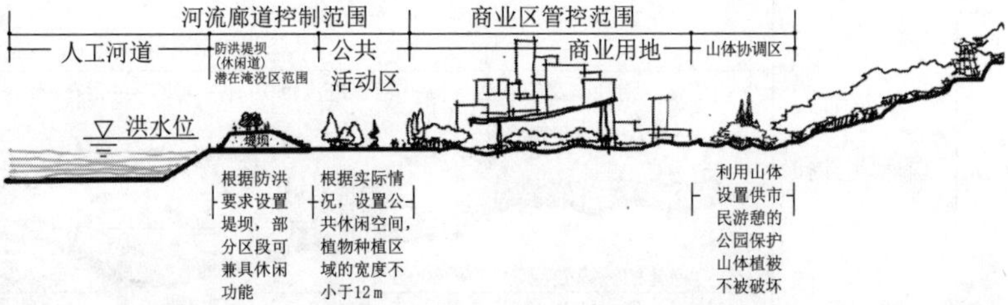			
	管控引导	城区段河流廊道的宽度受城市建设胁迫被严重压缩，当流经工业区而无堤坝的河段，应采用生态治理观念对两侧河漫滩予以保留，保证30～60 m的滞洪退让，并利用潜在淹没区营建滨水游憩绿带，在洪水低风险区域允许建设，但应限制项目规模、阻止污染严重的企业入驻；当流经人口密度较大的居住区，对已经固化的河道，应结合两岸土地利用现状和规划，通过改变堤坝形式并保留河道两侧不窄于12 m的绿带，使其满足附近居民游憩和审美需要，另外对于还未进行固化和护砌的河段，应尽量保留原有自然河岸，确需进行堤岸防护的河段应在保护河流自然过程的前提下，根据洪水淹没的风险等级进行分区治理，严格禁止在高风险区域实施城市开发，在中低风险区域通过提高建筑和场地标高、完善防洪设施等举措满足安全标准；对于流经具有较多公共开放空间的商业区，河流廊道可结合控规的用地规划与周边规划道路形成重要地段的滨河绿化带、滨河公园、滨河小游园和节点广场等，从规划长远考虑，鼓励对自然水体暗渠化、裁弯取直的河道进行恢复			

表 6.13　遵义市中心城区水库缓冲区管控引导

类型	水源保护区水库	小（1）型水库	小（2）型水库	堰塘
水库名称	海龙水库、北郊水库、红岩水库、南郊水库、中桥水库、水泊渡水库	北关水库、龙井湾水库、新庄湖、马老岩水库、三坝水库、共青湖、东风水库、烂碑堰水库、朱村水库、八幅堰水库	沟口水库、清江水库、青年塘、大堰水库、长堰沟水库、黑塘子水库、灰坝水库、三氹水库、板山水库、马家河水库、合兴水库、官庄水库、双桥水库、龙山口水库、三八水库、河口水库、三角湾水库、农庄堰水库、黄陶井水库、代开水库	总库容小于 10 万 m³ 以下的堰塘
绿化缓冲区正常蓄水位线外延距离	正常水位线以上 200 m 范围内的陆域，或根据实际情况，为一定高程线以下的陆域，但不超过流域分水岭范围	≥ 30 m	≥ 15 m	≥ 10 m
洪泛缓冲区堤坝坡脚线外延距离		≥ 100 m	≥ 50 m	≥ 10 m
管控引导	水源保护区范围内严禁新建、扩建任何与水源保护、供水等无关的项目；严格控制区内人口增长并积极引导居民点外迁，对库区植被结构进行优化，改善水源涵养能力，提高城市饮用水质量，形成动植物栖息地	改善水库周边绿化缓冲区范围内植被状况，保护和恢复库区周边的湿地，尤其对入库水流进行净化处理，提升水质等级，并在保证水库生态功能不受影响的前提下，发展科普教育、水产养殖及游憩娱乐项目，对侵蚀水岸、影响引洪畅通的建筑物、构筑物及其他设施予以限期拆除，疏浚人工灌溉渠道。 水库大坝洪泛缓冲区范围内严格限制开发和建设；采用人工技术对溢洪道边墙以及两岸进行绿化，有效控制水土流失、增强坡面稳定；保护和恢复水库出库河道周边的植被，提倡以自然净化的方式对生活污水进行治理，建立水库河道与周边缓冲区相互关联且贯通的调洪蓄滞系统		
水源保护区图示				
库区缓冲区图示				

6.4.3 组团引导

从中心城区的研究尺度出发，遵循"满意山水格局"中遵义城市组团式发展的空间结构特征，以组团引导的方式，将上述山水自然要素的管控措施予以细化，从而在地块层级具体落实空间的整合重塑策略，结合城市设计的方式保留遵义独特的山城和谐关系、发挥小尺度水系的独特魅力，使优良的山水本底成为塑造城市特色景观风貌的资源，以此再造城市组团发展的内生动力。

1. 分类建设引导

根据《遵义市中心城区总体城市设计导则》中参照现行控规单元、结合行政区划所划定的"5大片区、15个城市组团"，按照组团所处的区位条件、功能定位、资源禀赋以及建设时序对组团进行分类，作为蓝绿空间与建成空间整合与特色重塑的方向引导（表6.14）。存量更新类是遵义城市发源地以及最早开始集中建设的区域，主要为环凤凰山组团，重要的自然资源、人文资源与高密度的建筑环境相互交织，需根据实际建设情况结合城市设计形成高密度、低容积率的空间形态；增量叠加类为改革开放后逐步发展起来的城市组团，包括汇川、东站礼仪、南关舟水、高桥4个组团，组团内大部分用地已经建设，宜严格控制开发强度，遏制绿色空间被城市建设不断侵蚀；生态先导类为2000年以后城市纵向延伸、向东拓展逐渐发展起来的城市组团，包括新蒲新城、董公寺、南白、共青大道、红花岗经开区5个组团，组团内有较多还未建设的用地，宜以生态优先的理念引导高品质的城市新区建设；外围门户类包括东部新城、高坪、三合苟江、谢家和平、三岔龙坪5个组团，应以产城融合为主导，采用低强度开发模式，形成与自然环境和谐发展的格局。

表 6.14　遵义市中心城区城市组团功能定位及空间建设引导

分类	组团名称	功能定位	蓝绿空间与建成空间建设引导	蓝绿空间与建成空间图底关系
存量更新类组团	环凤凰山组团	作为遵义发展沿革的源地，是城市历史文化与居住、商业、旅游、休闲等多种功能交汇的核心之地，历史城区与周边山水环境构成强大的聚能环，形成组团更新与发展的动力引擎	借助城市旧改机遇，通过深度挖掘山水资源价值，加大山水与城市空间的嵌连，通过建筑高度及布局形态、临山滨水地区、街道空间等一系列控制引导，凸显"一江贯穿、双城对峙、三山环抱"的古城格局	

续表

分类	组团名称	功能定位	蓝绿空间与建成空间建设引导	蓝绿空间与建成空间图底关系
增量叠加类组团	汇川	作为融合文化、体育、商贸、居住等综合功能的新城区，以优越的交通条件为基础，充分利用建设用地范围内留存的山体水系，为高品质的城市生活提供便捷舒适的服务设施	以文化性主导组团重要公共活动中心（市博物馆、市图书馆）的更新，通过控制周边商业、居住片区的开发强度和建筑高度，保证山体连续性及视廊通透，保留生态的河岸和滨水活动空间，展现与山水环境相融的综合新城区形象	
	东站礼仪	依托高铁站发展商务、办公、金融等现代服务业，形成中心城区的交通枢纽和商贸中心	对建筑高度和开发强度进行严格控制，使以遵义高铁交通枢纽为中心展开的商业、居住建设与区域内的连续山体和礼仪河相互渗透，形成尺度宜人具有山地特色的现代新城区	
	南关舟水	北联南接、承东启西，具有公共服务、文化旅游、居住休闲等多功能的城市副中心，在产业功能不断整合的过程中形成宜居、宜业、宜游的高品质新区	以南岭公园、湘江河、洛江河、忠庄河形成的山水格局为依托，充分挖掘区域文化资源（黔北建筑文化、播州文化、三线建设工业遗存），塑造山水城相融且具有文化特色的城区形象	
	高桥	设施配套、功能完善的以居住功能为主、一类工业发展为辅的综合发展区，是未来中心城区西北部组团发展新的增长极和活力点	依托柳溪河、新河、湘江河和周边连续山体形成的架构，通过开发强度引导和建筑高度控制，保障临水岸线的生态环境，积极引导产业发展转型，提升区域旅游服务功能	

分类	组团名称	功能定位	蓝绿空间与建成空间建设引导	蓝绿空间与建成空间图底关系
生态先导类组团	新蒲新城	向东拓展的重要城市空间，是具有完备配套服务的城市行政中心、科教文化中心以及商务中心	区域内山体连绵不断、河流贯穿，基于良好的山水本底鼓励组团式城市空间发展模式，以保障山水城相互交融的形态关系，通过山体公园、湿地公园的建设加强蓝绿空间与周边商业、居住、科教文化建筑的渗透	
	董公寺	集居住、商贸、行政办公、古镇文化展示、绿色食品加工等复合功能的综合城市服务中心	周边连续山脉和贯穿南北的高坪河形成区域山水骨架，通过山体公园和滨水绿地的建设，增强蓝绿空间的连通性	
	南白	以商贸服务、文化教育、休闲旅游功能为主导的山水田园式生态城区	南北贯通的连续山丘使城市空间形态呈狭长分布，通过控制建筑高度，与两侧山体形成层次错落的交互空间，并注重保留和增加两侧山体间的生态廊道	
	共青大道	集居住、休闲旅游度假、科技研发、商贸为一体的新型城镇化发展示范区	区域两侧连续的山丘与洛江河、忠庄河等共同形成良好的生态本底，南郊水库、共青湖大面积水域周边的自然风貌特色突出，建设开发应与自然要素协调进行集中布局，减少对生态区域的破坏	

续表

分类	组团名称	功能定位	蓝绿空间与建成空间建设引导	蓝绿空间与建成空间图底关系
生态先导类组团	红花岗新开区	以新材料、电子信息等为主导的先进制造业基地，为融合现代商贸物流、科技研发等多功能为一体的现代产业开发区	充分利用山水资源，通过湿地公园和山体公园的建设，形成产业组团与自然环境交错整合的景观空间结构，展现现代生态产业区的特征	
外围门户类组团	东部新城	依托新舟机场便捷的交通优势，以发展物流、农贸加工、电子信息、特色旅游为主要产业，形成现代制造业、服务业与高效农业协调发展的产城融合重要城市功能区	城市空间形态呈组团式布局，形成与山水环境清晰的版块相间结构，以大面积连续的山丘为基底，以洛安江为连接纽带，强调多产融合空间与自然环境的融合	
	高坪	是城市空间"北向充实"的载体，也是遵义衔接成渝地区的产业新区，以国家经济技术开发区为引擎，建设发展以高新技术、装备制造产业为主导的新兴产业基地	以高坪河沿线的自然环境景观为纽带串联不同的功能地块，山体与产业、商业、居住空间相融合，利用嵌入城市空间的山体，打造生态休闲公园，并对区域内的开发建设进行严格控制，保护良好的自然本底	
	三合苟江	以发展居住、商贸、旅游、新型轻工业为主，苟江组团依托阁老坝货运站，成为遵义市南部重要的物流中心	属象山山脉的支脉浅丘地带，区域内有大量山体楔入且水系纵横，通过湿地公园和以山体保护为主的森林公园建设，使居住、商贸、货运物流等功能片区与自然环境相契合	

分类	组团名称	功能定位	蓝绿空间与建成空间建设引导	蓝绿空间与建成空间图底关系
外围门户类组团	谢家和平	作为新型产业集聚区及商贸物流中心，以发展高新技术、装备制造为主的环保低耗型产业为主	隔马家岭—青冈山与南白组团毗连，同样呈南北狭长分布，区域内有连续山脉（老木顶）楔入，通过以山体保护为主的森林公园建设以及临山区域的建筑高度以及开发强度控制，形成与蓝绿空间相互渗透的现代化工业商贸区	
	三岔龙坪	作为农产品交易中心，主要为城市居民提供生活休闲服务，以发展特色农产品及食品药品加工产业为主	充分利用区域内及周边的山水资源，发展休闲观光农业，配套商业、文化、居住组团采用低强度开发，展现乡野自然风貌	

2. 空间秩序引导

在各类组团的功能定位以及蓝绿空间与建成空间形成的图底关系引导下，借鉴控规面向实施管理的有效方式，遵从"抓主放从"原则，将建成空间的开发建设管控以及蓝绿空间的整体保护意图进行细化落实，并结合建设实际根据相关利益者的诉求进行弹性协调。建成空间可通过开发强度、布局、高度三个控制子项实现对人工建设的空间形态秩序的管控（表6.15），而蓝绿空间是在整体山水保护格局中选取相对完整的重要山体斑块以及河流廊道进行图则管控，从而实现"在保护中利用、在利用中保护"的目标，建成空间与蓝绿空间的交接地带则是通过对临山滨水公共开放区域的建设引导实现"显山、露水、透绿"的城市品质特色（表6.16）。

表 6.15　遵义市中心城区建成空间秩序建设引导表

子项内容	强度管控	布局管控	高度管控
针对问题	新建项目一味追求高容积率，破坏城市整体空间形态	建筑线性布局、相同单元机械重复、间距过密、遮挡山水通廊且与山水关系生硬、缺乏错落变化	沿街建筑界面无高度变化、建筑群高低无序、建筑体量过大遮挡山水

续表

子项内容	强度管控	布局管控	高度管控
现状照片			
管控方式	组团分类 + 组团内分区	布局引导 + 形态管控	建筑高度整体管控 + 组团制高点布局
控制指标 / 内容	开发强度分区、容积率管控	整体布局形式、建筑间距和退线、建筑群层数管控、建筑主体高宽比	组团内整体建筑高度分级管控、制高点布局控制、建筑退让山体、河道两侧距离及高度控制、历史街区建筑高度管控
具体管控引导	●第一分区：中央商务区、城市主副中心核心区、高铁站周边等区域； ●第二分区：第一分区外围用地、轨道交通站点周边用地以及组团级中心核心区等区域； ●第三分区：组团内现状及规划建设用地； ●第四分区：建设用地与山水之间的缓冲区域； ●第五分区：城市公园绿地； 　特别控制；受特定因素或特别设施、景观环境影响的区域，如历史文化区	●高层建筑应按组团式进行布局，避免"一字排开""U 形或 L 形半包围"布局； ●沿街高层建筑应适当加大间距和退线，或采用呈角度协调布局； ●建筑群的层数布置应错落有致，紧邻现状住宅应安排多层建筑进行过渡； ●合理控制建筑主体高宽比以及重复单元的出现频率	●结合组团布局形式和容积率控制，对建筑高度先进行整体控制，而后对区域制高点布局进行控制，尤其对历史街区周边的建筑高度进行高度管控，以保证历史街区氛围的原真性； ●山体和水系周边的建筑退让距离根据要素管控中山体协调区以及水系周边绿化缓冲和滞洪缓冲范围进行设置； ●在山体协调区范围内的建筑高度应根据山体生态重要性评价结果以及距离山体远近因素进行综合权衡； ●在水系绿化和滞洪缓冲区范围内的建筑高度可根据河流对岸河堤外坡角的距离关系或与河道堤坝的距离关系确定

表 6.16　遵义市中心城区组团蓝绿空间秩序建设引导表

子项内容	关键山体斑块及临山区域管控	关键河流廊道及滨水区域管控
针对问题	有山却不能"见山"，近山却不能"漏山"，守山却不能"进山"； 　本是城市绿岛的山，在城市建设和扩张中不断遭到破坏、蚕食甚至消失	有水却不能"净水"，近水却不能"亲水"，多水却不能"用水"； 　本是城市绿轴的河，在城市建设和扩张中河流的自然属性和功能已经基本丧失
管控方式	图则管控 + 绿线划定 + 临山区域建设引导	图则管控 + 蓝线划定 + 滨水区域建设引导

子项内容	关键山体斑块及临山区域管控	关键河流廊道及滨水区域管控
控制指标 / 内容	山体保护 / 修复级别、山体保护控制绿线范围（叠加山体自然界限、山体生态功能界限以及各类规划中定位为绿地的管理界限）、山体协调区范围山体重点修复区域范围、山体林地覆盖率、山体完整度、山体开发度、山体协调区范围内各类用地的容积率、建筑密度和建筑高度控制、需拆除构筑物面积	河流蓝线控制范围（水域范围 + 绿化缓冲区范围 / 洪泛区范围）、河岸建设协调区范围内的建筑退让距离和建筑高度控制、河道渠化度、河岸稳定性、水质状况、河流重点管控范围（河流交汇点；与其他交通廊道交汇处；进出湖泊塘库、建成区以及出山谷节点处；沿线点源污染排放处）
临山滨水具体建设引导	●沿山体布设的道路应平行于山体走势，垂直于山体走势的城市道路应直线布局，且主要道路尽端应保留建筑间隔，保障视线通廊，次要道路尽端的建筑高度不高于 10 m，临山建筑每隔一段距离应开设一处上山路径； ●山体协调区范围内的建筑应避免通过砍山平整土地而造成陡坡，建议建筑结合山坡地进行设计 	●滨水空间应通过开放空间设计加强滨水景观与城市空间的渗透，如滨水居住区可将道路置于居住地块和开放空间之间以提升其可达性；滨水居住与公共地块的混合用地，可将公共地块置于开放空间与居住地块的中间地带，提升公建开放性和共享性的同时，形成与水体的丰富界面；再如滨水公共区，邻近水体一侧建议采用小地块开发或是通过集中绿化空间使公共地块退让，一方面可避免大体量建筑对滨水空间的遮挡，另一方面可带动后方土地价值提升。另外建议以上三种用地滨水公共空间的步行可达率不小于 80%； ●滨水驳岸建议充分利用部分河道的双层堤岸形式以激活区域活力，加强滨水步道的连续性和绿化缓冲区建设以形成兼具生态和游憩价值的景观带； ●滨水建筑应控制建筑界面面宽与开发地块基地面宽的比值在 60% ～ 80%，以实现滨水景观与城市空间的渗透

第7章
整合栖居需求重塑遵义市"三生"空间格局

栖居，原指动物的栖息、寄居。马丁·海德格尔（Martin Heidegger）著名的哲学论断"人，诗意地栖居在大地上"，栖居指代的是人的生存状态，尤其是在人与自然关系急剧恶化的当下，"诗意栖居"实则揭示的是一种在人与自然"主体间性"下的"天地与我并生，万物与我为一"的生存之道。因此，当城市历经快速城镇化进程从发展速度转型到提升品质的新阶段后，"诗意栖居"成为城市建设治理的价值所向。在此价值理念的引导下，"生态安全、生活宜居、生产绿色"成为栖居需求对应土地复合功能的集中表达，也成为重塑蓝绿空间与建成空间秩序的方向指引。立基于整合山水资源重塑的自然本底，以栖地复育、绿地营育、耕地维育作为实现"三生"空间管控，优化蓝绿空间与建成空间格局的重要途径。

7.1 栖地复育构筑生态安全的需求

7.1.1 现状生物资源分析

1. 植物资源

遵义地处中亚热带，自然植被具有明显的中亚热带森林植被的特征。植被类型主要包括针叶林、常绿阔叶林、针阔混交林、灌丛和竹林。针叶林分布面积较大，并且具有次生性质，其中马尾松林面积最大，在全市多个区县均有分布；常绿阔叶林为遵义市的地带性植被，树种种类繁多，主要以樟科、壳斗科、山茶科、木兰科、金缕梅科和冬青科为主，但因快速城市化中频繁的人为破坏活动，使得原生的植被类型保留不多；针阔混交林主要是以马尾松与壳斗科的一些植物种类混生，在全市的多个区县少量分布；灌木丛多数具有次生性质，是由各种森林植被遭受破坏之后发育而成，在遵义有较大面积分布，其中栎类灌丛面积较大；竹类以毛竹林分布最广，此外还有慈竹、斑竹以及水竹、方竹、箭竹为主的小径竹林。除上述天然植被外，遵义还有大量栽培植被，可划分为农田植被、经济林和果木林三大类。农田植被有旱地和水田两大类型，多以一年两熟或一年三熟的作物组合为主要构成；经济林以油桐、油茶、漆树、核桃林、乌桕林、盐肤木、紫胶寄主林为主；果木林主要以梨、桃、苹果、樱桃、柿、李等为主。

基于遵义市植物资源的整体分布状况，以贵州省第四次森林资源调查的数据为基础，利用 ArcGIS 对研究区中心城区的各植被类型的面积进行统计，并结合植被分布图进行选点，对各植被类型中的优势树种展开调研（表 7.1）。

表 7.1　遵义市中心城区植被结构及优势树种调研一览表

植被类型	面积 /hm²	调研选点	优　势　树　种
针叶纯林	9805.24	董公寺镇三堡山	马尾松（*Pinus massoniana*）、湿地松（*pinus elliottii*）、华山松（*Pinus armandii*）、云南松（*Pinus yunnanensis*）、柏木（*Cupressus funebris*）、秃杉（*Taiwania flousiana*）、水杉（*Metasequoia glyptostroboides*）、柳杉（*Cryptomeria fortunei*）、刺柏（*Juniperus formosana*）
针叶相对纯林	2976.84	红花岗区老鸦山	马尾松（*Pinus massoniana*）、云南松（*Pinus yunnanensis*）、柏木（*Cupressus funebris*）、杉木（*Cunninghamia Lanceolata*）、铁杉（*Tsuga chinensis*）
阔叶纯林	6562.70	三岔镇赵家顶、苟江镇青冈山、山合镇古马山	香樟（*Cinnamomum campora*）、刺槐（*Robinia pseudoacacia*）、女贞（*Ligustrum lucidum*）、青冈（*Ligustrum lucidum*）、余甘子（*Phyllanthus emblica*）、山杨（*Populus davidiana*）、珙桐（*Davidia involucrata*）、朴（*Celtis sinensis*）、合欢（*Albizia julibrissin*）、枫香（*Liquidambar formosana*）、楝树（*Melia azedarach*）、香椿（*Toona sinensis*）、银杏（*Ginkgo biloba*）、香桂（*Cinnamomum subavenium*）、桉（*Eucalyptus robusta*）、榆树（*Ulmus pumila*）、槭类（*Acer* ssp.）、栎类（*Quercus* ssp.）、桦类（*Betula* ssp.）
阔叶相对纯林	2047.67	巷口镇罗大山	香樟（*Cinnamomum campora*）、刺槐（*Robinia pseudoacacia*）、女贞（*Ligustrum lucidum*）、青冈（*Ligustrum lucidum*）、山杨（*Populus davidiana*）、枫香（*Liquidambar formosana*）、朴（*Celtis sinensis*）、桦类（*Betula* ssp.）
针叶混交林	809.56	龙坑镇香佛山	马尾松（*Pinus massoniana*）、柏木（*Cupressus funebris*）、杉木（*Cunninghamia lanceolata*）、香樟（*Cinnamomum campora*）、刺槐（*Robinia pseudoacacia*）、女贞（*Ligustrum lucidum*）、青冈（*Ligustrum lucidum*）、山杨（*Populus davidiana*）、朴（*Celtis sinensis*）、枫香（*Liquidambar formosana*）、桦类（*Betula* ssp.）
阔叶混交林	11032.00	忠庄镇雷公坡、新蒲镇麻窝	香樟（*Cinnamomum campora*）、刺槐（*Robinia pseudoacacia*）、女贞（*Ligustrum lucidum*）、青冈（*Ligustrum lucidum*）、山杨（*Populus davidiana*）、枫香（*Liquidambar formosana*）、朴（*Celtis sinensis*）、桦类（*Betula* ssp.）

续表

植被类型	面积 /hm²	调研选点	优　势　树　种
针阔混交林	3174.04	红花岗区大龙山	马尾松（*Pinus massoniana*）、柏木（*Cupressus funebris*）、秃杉（*Taiwania flousiana*）、刺柏（*Juniperus formosana*）、喜树（*Camptotheca acuminata*）、枫杨（*Pterocarya stenoptera*）、木兰（*Magnolia liliflora*）、珙桐（*Davidia involucrata*）、青冈（*Ligustrum lucidum*）、香樟（*Cinnamomum campora*）

注　以上植被结构类型的划分是按照单个针叶和阔叶在整个林分中的蓄积比例进行划分，单个针叶（阔叶）树种蓄积大于或等于 90% 的为针叶（阔叶）纯林；单个针叶（阔叶）树种蓄积为 65%～90% 的为针叶（阔叶）相对纯林；针叶树种总蓄积大于或等于 65% 的为针叶混交林；针叶树种或阔叶树种总蓄积为 35%～65% 的为针阔混交林；阔叶树种总蓄积大于或等于 65% 的为阔叶混交林。对于竹林和竹木混交林，参照以上划分标准，计入阔叶纯林或阔叶混交林或针阔混交林。

2. 动物资源

据《遵义市城市生物资源本底调查报告》，遵义市现有野生脊椎动物 33 目、95 科、282 属、475 种另 76 亚种。其中兽类 8 目、24 科、56 属、81 种另 16 亚种；鸟类 15 目、38 科、135 属、232 种另 56 亚种；爬行类 3 目、10 科、24 属、40 种；两栖类 2 目、9 科、11 属、33 种另 4 亚种；鱼类 5 目、14 科、56 属、89 种。在上述物种中，有国家一级重点保护野生动物 5 种，分别为豹、云豹、黑叶猴、林麝和灰脸狂鹰（金雕），国家二级重点保护野生动物金猫、苏门羚、红腹锦鸡、大鲵、胭脂鱼等 40 种，省级重点保护野生动物小麂、毛冠鹿、黑枕黄鹂、蛇类、蛙类等 83 种。

由于时间、技术等方面的限制，无法对研究区范围内的所有动物物种展开实地观测和调研，因此引入由兰贝克（Lambeck.R.J）提出并广泛应用于城市化地区大尺度生物多样性保护的焦点物种途径，结合遵义市中心城区的山水生境特点，从上述广泛分布的物种中筛选出能够代表森林、湿地、人工栽培植被、城市绿地等生境类型的各类焦点物种，对其所处的生境特征进行分析，从而为栖息地的适应性评价提供依据（表 7.2）。

表 7.2　适应遵义市中心城区生境特征的焦点物种

分类	物　　种	保护等级	生　境　说　明	种群现状
兽类	猕猴 *Macaca mulatta*	国家二级	栖息于石山峭壁、溪旁沟谷和江河岸边的密林中或疏林岩山上	++
	小麂 *Muntiacus reevesi*	省级保护	栖息于小丘陵、小山的低谷或森林边缘的灌丛、杂草丛中	+

分类	物　种	保护等级	生　境　说　明	种群现状
鸟类	池鹭 *Ardeola bacchus*	未列入	栖息于稻田、池塘、湖泊、水库和沼泽湿地等水域，也见于水域附近的竹林和密林中	+
	红腹锦鸡 *Chrysolophus pictus*	国家 二级	栖息于阔叶林、针阔叶混交林和林缘疏林灌丛地带	++
爬行类	王锦蛇 *Elaphe carinata*	省级 保护	栖息于丘陵、山区的树林、灌丛及其附近的农田中	++
	蓝尾石龙子 *Eumeces elegans*	未列入	栖息于低山山林及山间道旁的石块下，也见于草丛、农田、民宅附近	
两栖类	大鲵 *Megalobatrachus davidianus*	国家 二级	栖息于水流较缓的河流、阴河、岩洞或深水潭中	+
	泽蛙 *Rana limnocharis*	省级 保护	广布于高山、坝区，在稻田、沼泽、水沟、菜园、旱地及草丛中都有分布	+++
鱼类	草鱼 *Ctenophar yngodon idellus*	未列入	栖息于水的中下层及近岸多水草区域	
	多斑金线鲃 *Sinocyclocheilus multipunctatus*	省级 保护	生活在河流、地下暗河之中	++

注　以物种对栖息地具有指示作用以及该物种被公众广泛关注作为焦点物种筛选的原则，同时还要考虑到物种本身在当地的代表性、稀有性和在城市人工环境中的受威胁程度。为表示各物种数量的相对丰富度，采用估计数量等级方法，数量多用"+++"表示，表示该物种为优势种；数量较多，用"++"表示，表示该物种为常见种；数量少，用"+"表示，表示该物种为稀有种。

7.1.2　栖息地适应性评价

1. 评价方法的确定

从上述筛选出的焦点物种的生境特征描述中可以看出，山林水系是动物赖以生存的根本，动物的流动几率、多度以及多样性与栖息地的空间大小、形态、质量等因素密切相关。但在人工强烈扰动下的城市环境中，自然与城市已难以严格分开，生境的破碎也是不争的事实，因此正如杨沛濡教授在《生态城市主义：尺度、流动与设计》一书中提出的观点："人类从未停止过对自然的干扰，故而也就无需争论人类是否需要介入自然，真正的焦点应该集中在人类'介入自然'的形式上。"要在高密度的城市环境中，实现对生物栖地的有效恢复与保护，首先应对各类人工控制、维育、培育下的自然斑块或廊道，对其在城市环境中作为野生动物"避难所"的适应性进行评价，以此作为介入自然进行生态设计科学决策的依据。

生境适应度指数模型（habitat suitability index）作为一种在场地数据相对缺乏又急需针对物种多样性丧失制定空间策略的生境评价方法，在区域生态管理规划中被大量采用。该方法是通过研究区的整体土地利用信息评估各类用地作为栖息地的适宜性程度，并按适宜性高低分级赋值，同时考虑人的活动造成生境退化的主要威胁源，即居民点和道路，且影响程度随距离威胁源渐远而呈衰减趋势，因此同样采用分级赋值的方式，对威胁源周边按距离划分的影响范围内的用地作为栖息地的适宜性进行修正。另外，动物生境的适应性还要考虑其觅食范围、隐蔽条件、水源等因素，因此生境要素与结构也是生境适应性评价的重要内容。

由于不同种类的动物对栖息地的生存环境需求存在差异，而在物种生物学习性详细资料和空间数据缺乏的情况下，很难对生物过程进行准确分析，因此目前国内的大多数研究都是选择几种对各类栖息地有较强指示作用的动物物种，通过 GIS 的空间叠加分析运用 HSI 模型对影响栖息地选择的多项因子进行加权分析，从而得到不同物种的生境适应性分布图，尽管这种方法的建构存在依靠经验数据和专家意见的主观成分，但在野外数据有限的条件下不失为一种为管理和决策提供依据且高效可行的途径。

具体到本研究，参考 HSI 模型适应性因子选择和划分的应用案例，从遵义地区山水自然本底条件优越的生境特征出发，将多类焦点物种归并为陆生型和亲水型两大类，从而为构建城市范围内多物种的综合生境网络提供清晰的源汇关系。

2. 陆地型生物的栖息地适应性评价

基于第 6 章中对遵义市中心城区范围内山体自然界限的规模辨识结果，辅以土地利用现状调查数据，作为陆地型生物栖息地适应性评价的生境基础，一般而言，山体规模越大、连续性越好，原生的植被斑块保存越完整，也越适宜作为动物栖息地，但在城市环境中陆地型生物的生存环境是各种人为影响下自然与人工的混杂，因此生境基础要立足于人与动物共存的认识。而人类活动的干扰强度与栖息地有着密切的关联关系，因此以距居民点和道路的距离作为影响栖息地质量的威胁因素。对于陆地型生物，植被是其获取食物源、水分、隐蔽地的主要供给，故而也是影响其分布和多度的重要因素，所以选取植被覆盖度和植被群落结构作为评价因子，采用生境适宜度指数评价方法并赋予以上各因子权重，权重值同样通过 SPSSAU 平台计算获取，以此构建陆地型生物的栖息地适宜性评价模型（表 7.3）。

表 7.3 陆地型生物的栖息地适应性评价

评价因子	指标	分级					权重
		极适宜	高度适应	中度适应	一般适应	不适应	
	赋值	9	7	5	3	1	
生境基础	土地利用覆盖类型	乔木林地 竹林地 疏林地 灌木林地	公园等 城市绿地	坡耕地 牧草地 园地	水田、湿地 河流、湖泊 水库	建设用地 道路	0.1814
	山体规模	连续山脉	大型山体	中型山体	小型山体	破碎山体	0.1900
生境威胁	距居民点距离 /m	> 5000	2000 ～ 5000	1000 ～ 2000	300 ～ 1000	0 ～ 300	0.1414
	距道路距离 /m	> 2000	1500 ～ 2000	1000 ～ 1500	500 ～ 1000	< 500	0.1586
生境要素	植被群落结构	乔灌草型	乔灌型 乔木型	灌木型	草丛型	无植被	0.1500
	植被覆盖度 /%	81 ～ 100	71 ～ 80	51 ～ 70	21 ～ 50	0 ～ 20	0.1786

在 GIS 中对上述生境因子进行空间叠加，由此生成遵义市中心城区陆地型生物的栖息地适应性分布图。在人为影响下可供陆地型生物栖息的生境非常有限，中高质量生境斑块的面积仅有 75.23 km²，多分布在相对成片连续的山区，但城市化的影响在多处渗透，栖息地呈现出破碎且彼此割裂的态势，可见保护中高质量的生境斑块，通过生态修复和适度的人工干预建联起生境斑块的连通性，对陆地型生物的生存、分布、多样性等将产生积极影响。

3. 亲水型生物的栖息地适应性评价

对于包括两栖类生物在内的亲水型生物，自然的河湖水系是其生存的根本。但无论是水温、水质等宏观生境参数，或是流速、底质和覆盖物等微观生境参数，在城市河网尺度下将这些实测数据在 GIS 中插值获得物理因子的空间分布非常困难，因此从数据可获取的角度，考虑到不管是宏观生境模拟或是微观生境模拟都会涉及的一个重要影响因素，即河流地貌。而在第 6 章中基于 DEM 数据进行的城市水系淹没区域模拟则是从地貌出发建立的两栖类生物可有效利用的栖息地潜在范围，另外河道的宽度和形状控制着水力学的几何要素，间接影响流速随流量变化的分布，从而对河流中的水生生物产生重要影响，因此将河道宽度和形状作为亲水型生物的生境要素，将水系淹没区域作为亲水型生物的生境基础，并考虑到如大白鹭、绿头鸭等常见候鸟，其活动范围较大，不仅在河流、湖泊、水库等水域栖息，还在水田、河滩湿地以及周边的乔木林地、成片竹林、草地中分布，因此以土地利用覆盖类型对亲水型生物的潜在栖息范围进行扩充，并以距水面的距离作为修正。与陆地型生物的栖息地适应性评价一样，作为亲水型生物的栖息地也要考虑到人为活动的干扰，同样引入距居民点和道路的距离作为栖息地的威胁因素。综合以上三方面因素采用生境适宜度指数评价方法构建亲水型生物的栖息地适宜性评价模型（表 7.4）。

表 7.4　亲水型生物的栖息地适应性评价

评价因子	指　标	分　级					权重
		极适宜	高度适应	中度适应	一般适应	不适应	
	赋值	9	7	5	3	1	
生境要素	河流宽度 /m	> 35	25 ～ 35	15 ～ 25	5 ～ 15	< 5	0.1778
	水系形状	水库、湖泊、未截弯取直的自然河道		堰塘、采用生态堤防加固的自然河道		人工渠化后的城市河道	0.1615
	水系淹没区域	淹没高风险区		淹没中风险区	淹没低风险区		0.1615
生境基础	土地利用覆盖类型	水田、湿地、河流、湖泊、水库	乔木林地、竹林地、疏林地、灌木林地	公园等城市绿地	坡耕地、牧草地、园地	建设用地道路	0.1072
	距水面的距离 /m	< 500	500 ～ 1000	1000 ～ 1500	1500 ～ 2000	> 2000	0.1018
生境威胁	距居民点距离 /m	> 5000	2000 ～ 5000	1000 ～ 2000	300 ～ 1000	0 ～ 300	0.1398
	距道路距离 /m	> 2000	1500 ～ 2000	1000 ～ 1500	500 ～ 1000	< 500	0.1506

在 GIS 中对上述生境因子进行空间叠加，由此生成遵义市中心城区亲型生物的栖息地适应性分布图。与适宜陆生型生物的栖息地相较，水生型生物的栖息地由于河网的贯穿呈现出相对连通的格局分布，但城市化推动下的一系列工程化措施对城市水文过程造成的负面影响也使亲水型生物的栖息地逐渐丧失，中高质量的生境斑块及廊道面积仅有 86.45 km²，并集中分布于城郊山区的沟谷地带，因此为了能将自然引入城市，应加强湿地栖地的建构与恢复，以期在高密度的建成环境中实现人与动物的和谐共存。

7.1.3　生态安全格局构建

1. 基于 MCR 模型的栖地安全格局构建

通过以上对陆地型和亲水型生物的栖息地适应性评价，可将识别出的中高质量的生境斑块作为生物栖息的核心 "源" 地，由于动物都有在不同生境间迁徙和水平移动的特性，因此需借助能够对生物的空间运动过程进行模拟的方法，体现其从核心栖息地（源）克服空间阻力实现源间扩散的过程。

在第 6 章中用来模拟城市扩张的最小累积阻力模型也是目前模拟生物空间运动用来构建阻力表面应用较为普遍的方法。利用该方法，分别筛选出陆地型和亲水型生物栖息地适应性评价结果中的中高质量斑块作为生态安全格局的"源"地，并分别赋以空间阻力值，通过 GIS 的空间分析计算建立阻力面，分别建立陆地型和亲水型生物栖息地 3 种不同安全等级的生态安全格局，从而为关键性生态空间的复育提供依据，尤其是加强对生态源地及中低安全缓冲区的保护。将构建的陆地型和亲水型生物空间运动的阻力面进行叠加，在 GIS 中通过空间析取分析取最大值，从而获得综合生态安全格局的阻力面，在充分考虑作为"源"地斑块间重要廊道的连通性以及增大核心"源"地的缓冲区，以同样的方法划分出 3 种安全水平的栖地保护范围。

2. 基于生态安全格局的栖地复育导控

通过上述技术性方法对生态过程进行辨识后生成的栖地保护综合生态安全格局，是一个由大规模山体资源作为稳定基质，以具有景观结构完整性且能维持生物多样性的资源丰沛区域作为斑块和廊道，共同构筑的蓝绿空间生态网络结构。由于栖地复育是建立在人与自然共生而非是将自然恢复至"原始状态"的认知，并且严格的生态保护策略在城市区域的栖息地也难以落实，因此在这个自然与城市混杂的网络结构中，根据不同区位上斑块、廊道的价值差异，制定非均质化的规划管控措施，突出目标引导而非刚性控制，使栖息地呈现出除了物种保护之外的多个功能向度，如旅游游憩、教育科普、文化传承、提供就业等（表 7.5）。

表 7.5　基于生态安全格局的栖地复育调控与引导

区域	特征描述	调控原则	复育措施	导控目标
（核心区）栖地复育低安全区域	以大尺度植被覆盖良好的山顶、河谷、湖泊水库区域为主，植被群落多为地域性次生植被，人为干预影响相对较弱，多为林地、坡耕地，但也有部分区域距离集中居民点较近	根据景观生态学的原理，对斑块进行优化的基本原则有："大优于小""圆形优于其他形""整体优于分散""集聚优于分离""联系优于孤立""多样联系优于单一联系"；	●林地型斑块的核心区域应引导建设活动适度和低干扰，尽量维持林地的自然演进过程，在需要人工介入时优选乡土和原生植被树种进行补给和修复，以维持林地规模保证物种聚集； ●湖泊型斑块的核心区域应加强湖体及内源整治，并加强湖泊所在小流域上游的环境治理；集防洪、蓄水、提供能源及游憩多功能为一体的人工湖泊应对建设活动进行管制，限制公众进入；	●有效保护生态存量，维持生物迁徙重要生态过程； ●提升关键性斑块和廊道的生态质量，实现物种保护；

续表

区域	特征描述	调控原则	复育措施	导控目标
（核心区）栖地复育低安全区域		对廊道进行优化需要考虑的要素有：宽度、植被结构、连接度，与其他生态要素的关联等。遵循上述原则对栖息地的核心区域进行保护与优化，对人为活动进行空间限制，维持系统的自然状态	●山脉型廊道应加强其连续性的控制，严禁非必要建设活动，如道路、管网等基础设施的修建对山脉的阻隔，禁止开山采矿、砍伐树木等行为，鼓励山脉核心区范围内零散的居民点向建成区集中，为动物迁徙保留通道； ●河流型廊道应加强其结构的连续性，对作为栖地的关键节点进行重点管控，如河网交汇处、河流出山谷的水口、河流经狭窄段或低洼区汇成湖泊的河弯处等，以生态措施取代传统治洪截污的工程措施，恢复湿地、补给防护林带，为亲水型生物提供更大的生存觅食空间	●衔接相关专项规划，整合已纳入国家法定保护体系的斑块或廊道，构建中心城区生态网络
（缓冲区）栖地复育中安全区域	多围绕低安全区域展开，以保护水源及河流廊道的山坡地及岸坡为主，植被多为半人工群落，人为干扰较强，内有较多居民点及厂矿分布并毗连道路	根据保护性用地分区管控的原则，城市区域的保护地可在兼顾有限人类干扰和需求利用的前提下，同时满足生物栖息的需要。通过合理管控缓冲区的建设行为，引导公众进入自然的频次与区位，对生境进行有目的的生态恢复和培育	●林地型斑块的边缘区应加强建立与其他斑块和廊道的连通性，通过营造近自然的林地边缘，以加宽与其他生态要素连接的界面，从而起到维护核心区自然功能的作用，其间的人为活动以限定区域、强度、性质为建设模式； ●湖泊型斑块的缓冲区域应加强入湖口及湖湾湿地的生态治理，增强湖区周边山地植被的补给，逐步退坡还林、退田还湖以涵养水源、保持水土； ●山脉型廊道的缓冲区域多为山麓和谷地构成的带状空间，应严控制建设规模和强度，鼓励增加森林供给量，引入山体游憩项目，维持山脉连续稳定保证生物栖息的同时，增加公众亲近自然的机会； ●河流型廊道的缓冲区域多为水陆交错地带，针对坡陡沟深的上游段加强水道两侧岸坡自然植被的恢复，河岸两侧建设较为分散的中游段尽可能维持足够宽度的自然林带和河漫滩不受生产建设活动所威胁，高密度建设的下游段应加强河岸林带建设，以避免亲水型生物的移动遭受阻隔	●拓展新的生态增量，为物种生存提供较高质量的栖息地； ●推进栖息从"绝对保护"向"控制引导并重"的模式转变； ●创造栖息地在提供城市游憩体验、教育科普机会、自然灾害防护、绿色经济发展等方面的可能性

区域	特征描述	调控原则	复育措施	导控目标
（协调区）栖地复育高安全区域	多作为自然与人工的过渡区域，以人工栽植的植被群落为主，包括果林、经济林、农作植物等，人为活动频繁、道路、居民区穿插其间	根据"合理保护、持续利用"的原则，以生态介入的方式协调保护与发展的矛盾，以精细化的规划调控引导与栖息地协调区相适的自然资源的综合利用方式，从而使栖息地的多重服务功能价值得以实现	●林地型斑块与相邻人工集中建设用地的过渡区域应引导有序的开发建设行为，通过构建林地与建成区犬牙交错的自然边界，增强其渗透到人工区域的纵深，从而改善生境破碎，为动物的空间移动提供穿越条件； ●湖泊型斑块的协调区应分区段进行综合环境整治，对于湖滨建设应实施有序引导，遏制不合理的旅游开发对湖区生态环境造成破坏，对与生活生产相邻的控制区段应加强点源、非点源以及内源的综合污染治理，采用生态技术与措施实施水利工程建设，避免岸线硬化、湿地萎缩； ●山脉型廊道的协调区多是发展农业和提供游憩服务的适宜区域，引入与环境融合度高的都市农业和公共空间建设项目，加强山脉谷地中残存植物群落的修复，为动物的源间迁徙提供"踏板"； ●河流型廊道的协调区多为洪泛淹没的潜在区域，应采取生态设计的方式营建人工湿地，以精心的管理和维护协调栖地与周边社区生活的矛盾	●发掘栖息地的绿色增值效益，融入城市的生产生活，营造高品质的栖居环境； ●协调农林业、游憩服务业与栖息地的融合，因地制宜地进行产业引导和布局，为未来城市绿色化发展寻找空间

7.2　绿地营育满足宜居生活的需求

7.2.1　现状游憩资源分析

自 2016 年遵义被国家旅游局评定为首批"国家全域旅游示范区"，国家政策的助力使遵义的山地旅游业在贵州构建全域旅游的新格局中呈现出诸多方面的发展转型，如从单一的山地观光转向融合运动、养生、度假等复合型旅游；从山地景点旅游转向依托山体公园、山地产业园区、山地特色村落等的全域旅游，而全面发力的全域旅游建设成为推动生态环境由"被动保护"到"主动建设"转变的有效模式，从而实现了包括城市建设用地范围内的绿地和城市建设用地之外具有风景游憩、生态保育、区域设施防护等多重功能的区域绿地的一体化发展。除了上述政策推动，居民收入的增加也促使对绿地面积需求的上涨，据遵义市人民政府网的统计数据，遵义市城镇居民人均可支配收入从 2010 年的 15279 元增至 2020 年的 39312 元，年均涨幅 12.4%，因此综合统筹利用风景游憩资源、构建与新型游憩发展趋势，如出行自驾化、决策在线化、体验个性化、游憩供给多元化相适的开放式游憩格局是满足居民美好生活的保障，而不断高涨的游憩需求也为"全空间、全产品化"的蓝绿空间游憩格局构建提供了市场基础。

　　遵义作为占据丰富生态资源的历史文化名城，市域层级的游憩资源基础具有"富存量、高等级、多类型、优组合"的特征。根据《遵义市旅游资源大普查报告》中的数据，遵义市目前拥有旅游资源单体 11509 个，共计 12 类（图 7.1）。

图 7.1　特色地域文化与丰富资源类型奠定的遵义游憩资源基础

7.2.2 游憩资源供给评价

1. 山水游憩资源供给现状评价

根据上一章对山体自然界限的辨识以及城市水系水文过程的模拟可知，遵义市中心城区范围内不但散布有多个点状山体，以及多座独立山体集聚形成的面状或带状群山，还有多条交错的水系以及星罗棋布的水库，因此在城市建设用地非常有限的情况下，城市游憩点大多是利用周边山水资源进行开发，山水作为承载游憩活动、感官体验和旅游产品的功能性载体，也是吸引当地居民和外来旅游者进行短期参观游览和长期休闲度假的目的导向型区域。从遵义市全面发力的"全域旅游"建设情况来看，深度挖掘山地旅游资源，打造山地旅游项目是其推动产业结构调整、实现经济增效的主要途径，并以此为契机建成了一大批以山水要素为依托的森林公园和湿地公园，因此公园绿地的建设分布是评价山水资源利用现状的一个重要因素。此外，遵义作为国务院 1984 年首批公布的历史文化名城，大量的历史文化遗迹在中心城市集聚，且大多数文物保护点都地处依山傍水或山势险要之地，如位于深溪镇坪桥村皇坟嘴的杨粲墓，周边山环水抱、茂林修竹，而位于龙岩山巅的海龙囤，周边则深壑巨堑、林木森秀，也正是由于数千年的历史层积从而赋予了山水除自然、经济之外的文化属性，从而使其具有较高的游憩价值。因此，筛选出公园和游憩绿地项目，与山水自然环境关系紧密的文保点共同纳入评价范围。

2. 山水游憩资源供给潜力评价

除了上述依托山水资源建设的各类公园、游憩绿地以及在山水形胜中层积的文化遗产具有较高的游憩供给能力之外，山水作为与城市发展演变紧密关联的自然要素，其所承载的游憩价值还不绝于此。城市生活是激发山水资源源源不断发挥价值的重要推力，因此引入与城市生活息息相关的三个指标，即社会认知度❶、界面感知度❷以及

---

❶ 社会认知度指标表征的是城市居民对山体的了解程度，而山峰点命名分布越密集的区域，在一定程度上可代表该区域对人们生产生活的影响越大，评价时运用大数据采集方法对遵义市中心城区范围内分布的山峰点信息进行爬取，并利用 ArcGIS 的叠置分析工具将其与山体自然界限进行空间联合，并根据山峰点分布的个数区间对山体进行分级赋值，从而获得认知度分级评价结果。

❷ 界面感知度指标表征的是城市居民与山水界面的接触程度，而建设用地率越高代表该区域的人工开发强度越大，故而与山水的接触面也越多，人们对山水的感知程度也越强。评价时利用空间分析工具对统计计算所得的遵义市中心城区范围内各镇建设用地率进行插值，再与山水自然界限进行叠加，从而获得山水界面感知度的分级评价结果。

交通可达性❶对山水承载的潜在游憩供给能力进行评价，以作为补给和均衡游憩资源不足和不均的依据。

3. 山水游憩资源供给能力综合评价

采用多指标加权求和的方法从山水资源的利用现状和开发潜力两个维度对其游憩供给能力进行综合评价（表 7.6），权重值的确定同样使用 AHP 层次分析法，通过 SPSSAU 平台自动构建相对重要性判断矩阵，计算各指标的权重值。利用 ArcGIS 10.0 软件平台将山水游憩资源供给现状与供给潜力涉及的所有指标分布图均转化成栅格数据，根据表 7.6 设定的重要性分级值进行重分类，按照权重赋值将全部指标叠加后得到山水游憩资源供给能力综合评价图。

表 7.6　山水游憩资源供给能力综合评价

评价因子	指标	分级					权重
		极强	较强	一般	较弱	弱	
	赋值	9	7	5	3	1	
利用现状	公园建设分布	已建森林公园、已建湿地公园	已建其他风景游憩绿地	已建专类公园、已建社区山体公园	已建游园	在建森林公园、湿地公园、风景游憩绿地、专类公园、社区山体公园	0.2413
	文保点分布	国家级文保单位	省级文保单位	市级文保单位	区级文保单位	一般山体	0.2192
利用潜力	社会认知度	山峰点个数 86～269 个	山峰点个数 46～85 个	山峰点个数 15～45 个	山峰点个数 5～14 个	山峰点个数 0～4 个	0.1529
	界面感知度	周边建设用地指数 ＞10%	周边建设用地指数 3%～9%	周边建设用地指数 2%～3%	周边建设用地指数 1%～2%	周边建设用地指数 ＜1%	0.1713
	交通可达性	＜200m	200～299m	300～399m	400～500m	＞500m	0.2155

---

❶　交通可达性是影响城市居民对山水资源访问频率的重要因素。评价时基于《遵义市中心城区骨架路网规划总图》提取出现状路网以及规划路网的矢量数据，利用 ArcGIS 的缓冲区分析工具，根据随距离增加可达性降低的普遍规律，选取 200～500 m 区间作为缓冲区半径进行分级缓冲操作，再与山水自然界限叠加，从而获得山水资源交通可达性的评价结果。

7.2.3 全域绿地系统构建

1. 基于综合评价的全域绿地营育导控

根据山水游憩资源供给能力的综合评价结果，对全域绿地的建设方向进行区域引导，使城市建成空间与蓝绿空间更好地融合，让山水资源的空间价值从区域向片区、地块尺度传导，并与城市生活深入渗透（表7.7）。

表 7.7　基于山水资源游憩供给能力综合评价的绿地建设调控与引导

区域	调控原则	调控措施	建设措施	建设引导
山水游憩资源高供给区域	保护资源、适度开发：保护山体水系的自然与文化资源不被城市开发建设所破坏，充分挖掘现状区位、环境、历史人文资源等景源潜力，创造生态环境良好、景观形象和游赏魅力独特、山水城共融的游憩境域，凸显城市特色	●以山体水系自然界限为基础，结合现状建设情况进行校核，并衔接现有规划，将各种规划中依托山体水系划定的如风景名胜区、水利风景区、公园绿地等范围归并整合纳入绿地调控范围，重点针对存在矛盾和冲突的区域进行调整，维护和强化山水格局及自然要素的完整性和连续性； ●同时兼具生态与游憩价值或游憩潜力极高的山水资源应以保护优先为原则，遵循建设引导进行游憩环境建设，让自然嵌入城市内部发挥效能，并结合周边建设实际情况合理划定自然协调区，通过片区控制性详细规划对协调区范围内的建筑高度、体量、形式、色彩等进行管控，对严重影响自然要素完整性以及生态稳定性的违章建筑进行拆除	●以"自然、野趣、低影响"为建设理念，充分挖掘山体水系的自身地貌和文化特色，最大限度地保护、保留原有植被和自然地形，避免过度开发导致的商业化倾向； ●加大山体绿化力度，丰富种植层次，提升水源涵养能力，并基于山体地势和汇水特点，科学设置雨水拦蓄和利用设施； ●积极开展水质保护和河道整治工作，充分利用双层堤岸形式，加强滨水空间利用模式及建设引导； ●兼顾生态安全和景观提升，增设满足游览需求的服务设施，发挥自然景观的风景优势，更好地与城市功能衔接	以通过地貌辨识和水文模拟获得的自然山水格局为基础，从"山为屏、水为廊、绿网连城"的整体蓝绿空间格局出发，充分考虑山体生态安全和水系防洪安全，对现状游憩资源特征及潜力空间进行分析，以城市功能与城市生活为导向，针对山地城市用地紧张制约下的绿地配置不足和分布不均以及生态要素效益发挥不充分的问题，确定以蓝绿空间价值的系统提升为目标，
山水游憩资源中供给区域	共享惠民、挖掘资源：作为市民短途休闲娱乐和为社区居民日常活动提供重要场所的载体，以"共享惠民"为原则，以山体修复进行的绿化提升为基础，	●同样以山体水系的自然界限为基础，统筹生态功能界限和水系的绿化及洪泛缓冲区，与各类既有规划衔接并结合现状建设情况，经修正后最终确认绿地协调范围；	●以"立足民生"的建设理念为引导，针对已经建成设施老旧的山体公园，在原有基础上实施景区内道路、管理服务设施以及水电基础设施提升改造，同时实施山体加固和绿化提升，拓展山体休闲、游憩功能，同时注重山体文化内涵发掘，保护历史遗址遗迹所在的自然环境；	

续表

区域	调控原则	调控措施	建设措施	建设引导
山水游憩资源中供给区域	通过山体公园和湿地公园的建设,不断挖掘山水资源的生态价值和历史文化底蕴	●以游憩利用为主导功能的山体水系,应以多业态混合为原则,将山水周边的耕地及其他类型用地均纳入协调范围,对建于山体轮廓线边缘有侵入山体趋势的村镇、棚户区以及围绕山体四周呈连排发展的高层建筑等进行调控,建议在山脚区域预留多个开放空间连接游山绿道,加强城山空间的渗透,同时建议近山建设重点控制区域内的建筑呈组团发展,并引导其附属绿地向近山一侧布局,避免开发建设影响山体结构稳定性和风貌完整性	●对交通可达性较高、地处人口密集区域的山体水系,若自然条件较好则配以合理规模的服务设施,满足附近居民就近游山玩水的需求;若山体破损且有安全隐患,可结合地产开发项目进行景观建设和有效治理,提升居住环境周边品质	在中心城区的全域范围内以城绿深度融合构建的空间秩序为前提,对绿地建设进行系统性布局和建设导控
山水游憩资源低供给区域	合理规划、协调统一:通过规划措施合理引导城市空间与山水的渗透,实现在保护中利用,在利用中保护的目的	●综合权衡山体水系自然界限、功能界限与土地利用规划及城市规划的关系,根据城市空间发展潜力地区的定位,重点协调山水周边建设与山水整体风貌保持协调统一; ●将供公众休闲、活动的游园与观山道路以及滨水步道进行串联,充分发挥山水补给城市游憩空间不足的作用。 以"用山"促"育山",以"亲水"促"护水",在维持原生植被不被破坏干扰的同时辅以本土植物人工栽植,使山体植被层次得以丰富、河流廊道的连通性和完整性得以提升,管理养护成本减少	●针对以山水资源为依托正处于建设中的森林公园、湿地公园、风景游憩绿地、专类公园等,虽目前尚不具备游憩供给能力,但却是提升城市环境品质的着力方向。通过合理规划,以"显山露水""育山护水"为建设引导,结合周边的同步建设进行景观协调,强化城市与山水的景观连接,以市民需求为绿地功能布局的导向,从而获得较高社会认知度	

2. 基于价值提升的全域绿地项目库建立

为了使上述绿地建设的导控措施更具操作性,以人本需求为导向,引入项目策划的思路,通过对现有绿地布局和功能定位的梳理,整合地块潜在游憩资源要素,搭建能够提升蓝绿空间人性化体验和价值内涵的绿地建设项目库,并制定城市绿色开放空间整体计划,通过城市设计的方法将"特色山体公园计划""活力滨水绿廊计划""城市绿道慢行空间计划""开放街区绿地渗透计划"四大计划分解梳理为"4 类 112 项"的绿地建设子项目进行逐项分期实行,而在这种根据资源条件进行要素整合的项目策划思路引导下的绿地建设将促成蓝绿空间多元管理模式的形成，同时也成为绿地建设项目不断落地的保障（图 7.2）。

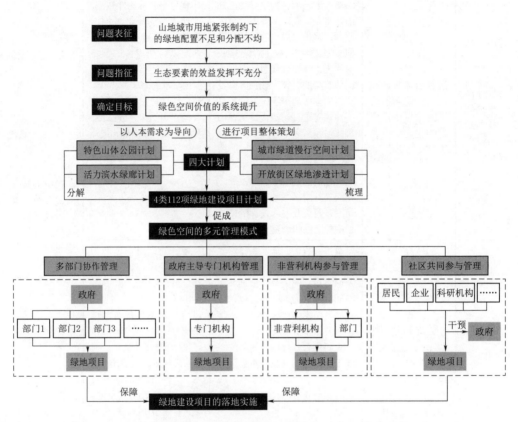

图 7.2　遵义市中心城区全域绿地项目库建立思维导图

7.3　耕地维育保障绿色生产的需求

7.3.1　现状耕地资源分析

根据遵义市第三次全国农业普查主要数据公报，全市耕地面积为 840530 hm²，其中水田和旱地的面积比约为 3∶7。耕地利用以种植农作物为主，旱地以玉米、小麦或油菜为主的一年两熟作物组合为主要类型，玉米、马铃薯、红薯为主构成的一年三熟作物组合分布也非常广泛；水田以水稻、油菜及各类蔬菜的一年一熟、两熟或三熟的作物组合为主。根据统计年鉴的数据，2019 年遵义市农作物播种面积为 603700 hm²，平均复种指数为 135.59%，比较长江以南地区约 180% ～ 200% 的水平，说明耕地利用情况整体较差。另外，2019 年遵义市年末常住人口为 630.2 万人，粮食总产量为 225.74 万 t，人均口粮只有 358 kg，与人均 400 kg 的国际粮食安全标准线还差 42 kg。尤其是城市化快速推进下的中心城区，通过对其土地利用的遥感解译可知，在过去 20 年间中心城区范围内的耕地面积锐减 20281 hm²，且向林草地和建设用地大量流转，耕地占比从 2000 年的 53.9% 减至 33.67%。因此在上述粮食安全无法保障、耕地面积逐年减少、耕地生态环境又显著恶化的形势下，挖掘耕地利用潜力、高效利用现有耕地资源成为保证农业生产、维持社会经济发展的根本。

近几年在国家一系列耕地保护政策的推行和影响下，遵义市也开始通过基本农田保护制度的建设和高标准基本农田建设项目的实施等方式严格落实中央政策，并以管控结合激励的多举措，促进耕地占补平衡的规范管理，使耕地锐减的趋势有所缓解。但遵义地处山区耕地资源本身有限的劣势，加之长期以来的粗放化利用，导致遵义市的耕地质量普遍不高，上等肥力的耕地面积仅占全市耕地面积的 9.69%[120]。从自然本底的限制出发，可将造成耕地质量低下的因素归结为两个方面：一方面是在山地丘陵占比较高、坝地相对较少的整体地貌环境中，耕地破碎且多为坡耕地，适应大规模农业种植的集中连片田土非常有限；另一方面，喀斯特地区的工程性缺水问题严重，加之水利基础设施建设滞后，使耕地灌溉无法保证，故而多处出现了"望天田"或是"水改旱"的情况，而在地表蓄水能力差又容易遭受干旱灾害的双重影响下，农业生产的质量明显不高。从人为利用的方式出发，可将导致耕地利用效率低下的因素也归结为两个方面：一是缺乏对地力培肥的重视，重用轻养；二是虽然国家通过《土地管理法》等立法形式以确保耕地总量动态平衡并实施用途管制和占用耕地补偿制度，但只强调数量上的补充并不能保证耕地粮食产能的提高。

7.3.2　耕地质量级别评价

1. 评价指标筛选

从上述遵义市耕地利用的现状分析与存在问题判断中可知，耕地质量的高低首先取决于耕地所在区域的环境因素以及影响耕地产能的立地因素；其次农业生产活动中对耕地的利用和管理方式以及技术水平等社会经济因素也对耕地质量产生重要影响，因此耕地质量是由自然、社会、经济、技术等多因素彼此关联综合作用下的结果，故而在评价指标选取时应从以上几方面出发，以主导性、可操作、稳定性为原则筛选评价因素。

根据评价指标筛选的基本原则，从研究区数据的可获取性考虑，将遵义市中心城区耕地质量评价的影响因素划分为三个向度，即环境因素、保障因素和限制因素，在每个向度选取出直接影响耕地生产力、切实反映耕地质量的因素作为评价指标。

2. 基于多因素综合评价的耕地质量级别划分

以第 5 章遥感影像解译的 2020 年耕地地类数据作为评价范围，以《耕地质量等级》（GB/T 33469—2016）中给出的"西南区耕地质量等级划分指标"为参照，并通过前人研究经空间自相关分析所确定的具有统计学意义相互交互的指标，验证本研究所构建的评价体系中筛选出的指标的合理性。而在国标中没有明确指出哪些指标对于农业生产更重要的情况下，基于对"耕地质量是多因素相互作用影响的综合结果"的共识，运用"降维"思维，将复杂因素归类整合，考虑遵义耕地立地环境中农业生产的保障和限制维度，建立一个由多类多指标构成的耕地质量综合评价体系，并根据遵义的地域性特征以及评价体系中单个因素的特点合理划定评价等级，分级赋值表征其对农业生产适宜性的高低差异（表 7.8）。在 GIS 中对上述影响因子结合权重进行空间叠加，由此生成遵义市中心城区农业生产适宜性分布图。

表 7.8　耕地质量等级评价体系

评价因子	指标	分级					权重
		优等	高等	中等	低等	劣等	
	赋值	9	7	5	3	1	
环境因素	海拔 /m	650～700	701～800	801～900	901～1150	1151～1286	0.1231
	坡度 /(°)	0～8	9～10	11～15	16～25	＞25	0.1716
	坡向	南坡（阳坡）	西坡、西南坡、东南坡(半阳坡)	西北坡、东北坡、东坡（半阴坡）	北坡（阴坡）	无坡向	0.1404
保障因素	有效土层厚度 /cm	＞60	41～60	31～40	11～30	＜10	0.1820
	距地表水距离 /m	＜500	500～999	1000～1499	1500～2000	＞2000	0.1057
限制因素	水土流失隐患	微度	轻度	中度	重度	集重度	0.2132
	交通难达性 /m	＜500便利	500～999可达	1000～1499一般	1500～2000较难达	＞2000难达	0.0641

7.3.3　绿色产业集群构建

1. 基于质量等级差异的耕地维育导控

当前，在耕地质量普遍不高、耕地后备资源又在城市化建设深入推进中不断减少的现实问题中，加强耕地维育对于保障城市粮食安全、拱卫城市生态绿色屏障具有至关重要的作用，即使是在当前货运物流十分发达、食品来源已实现全球化供应的情况下，提高农副产品的本地供给能力可减少由于长距离运输所带来的碳排放，同时还可增强城市抵御各种风险的能力，对城市的可持续发展也具有积极意义。[121]尤其是当我国的耕地保护制度体系进入到"数量－质量－生态"三位一体的新阶段后，耕地保护的目标已从确保粮食安全、提供经济贡献和就业保障等方面的功能拓展到与生态维护、文化传承、休闲游憩等多重功能的共同实现，根据发达国家的耕地保护经验，政府管控和市场激励相结合是其实现耕地资源有效利用和优化配置的主要手段，而从生产和社会经济属性出发的耕地质量评价是衡量耕地保护成效的标准[122]。

基于遵义市中心城区耕地质量评价的结果，面向"三位一体"的保护目标，将城市农业的空间布局纳入到城市总体规划中，并根据质量等级制定差异化的规划管控措施，以实现耕地维育的多目标导向，应对社会经济增长刺激下多元化需求的显现（表 7.9）。

表 7.9　基于质量等级差异的耕地维育调控与引导

区域	特征描述	调控原则	维育措施	导控目标
农业生产高适宜区（耕地质量高等级）	自然本底条件较好，且交通便利，主要沿分隔城市组团的山体缓坡和河谷地带分布，受城市建设扰动性较大，破碎化趋势明显	严保严控、依法合规：强化耕地保护意识，防止耕地占补平衡中频发的占多补少、占优补劣等问题；强化耕地的用途管制，在保证永久基本农田不占用的前提下，在土地管理法律法规允许范围内可开展与旅游、康养、加工流通等经营生产相关的活动	● 充分发挥耕地占补平衡相关法规的约束作用，确保耕地资源数量和质量的稳定； ● 城市空间拓展若占用优质耕地，要求用地单位进行耕作层表土剥离再利用以提高现有耕地质量； ● 挖掘耕地的多功能复合价值，引导耕地的生产功能与景观文化、休闲游憩功能的协同发展，促进农林文旅产业的深入融合，重点打造三产联动的现代农业示范区，实现耕地的质效双增； ● 通过城乡建设用地增补挂钩政策的实施，优化居民点与耕作区的布局关系，并确保复垦后的耕地质量达到被占用的耕地质量标准	以耕地的复合功能为主导，将耕地维育融入城市发展中，在确保实有耕地数量稳定、质量提升的同时，满足人口集聚区域的多元化需求

区域	特征描述	调控原则	维 育 措 施	导控目标
农业生产中适宜区（耕地质量中等级）	主要分布在城市集中建设区域周边的山坡地上，受自然条件的限制，地块不规整，但连续性相对较好	统筹协调，多措并举：充分发挥政府的统筹以及市场的资源配置决定性作用，健全利益调节和激励约束机制，实现耕地生产优势潜能的释放，保障耕地生产能力的持续供给，强化耕地质量的提升	●通过高标准农田建设，提高粮食作物生产产能，在不破坏地力、强化农业现代技术支撑的前提下，增加经济作物种植量，借助新型农业经营主体加强区域农业优势产业与农户之间的交流合作，提高农民收入、提升耕地管理水平，增强农民对耕地保护的自发认同意识； ●健全耕地保护补偿机制，以投入基本农田保护基金、生产补贴等外部激励方式激发农户的生产积极性，减少耕地撂荒或低效利用造成的耕地资源浪费； ●通过农业基础设施的完善以及水资源的高效利用促进耕地质量提升，具体包括农业现代化作业的推广、农田林网及周边路网的建设、耕地灌溉水平及平整度的提升以及闲置地整治推进耕地连片等举措	以耕地的生产功能为主导，形成由地方政府、农村集体经济组织、新型农业经营主体、一般农户组成的多元共治的耕种、管理、经营模式，并通过经济、技术、社会、规划引导等多方面措施共同助力耕地产能的提升
农业生产低适宜区（耕地质量低等级）	主要分布在坡度较陡、水土流失风险较高的山坡地上，耕地作为生态要素的需求凸显，但生态供给能力明显不足，耕地的生产能力受限于自然条件	重点提升，全面治理：针对耕地质量问题突出的区域进行重点整治，对严重影响耕地产出的因素展开积极防控，将耕地治理与城市发展、经济建设、生态保护相融合，使耕地的生态服务质量和生产质量同步提升	●通过"坡改梯"的农田水利建设克服自然条件的限制，控制水土流失； ●通过改良土壤、培肥地力、保水保肥、控污修复等防治措施的综合治理有效提升地力、增加产量； ●优化耕地景观结构，通过对耕地周边的林地、沟渠、坑塘湿地的梳理，使之成为丰富的生境，并通过道路林网及河流林网的建设，加强耕地地块间的联系，修复破碎化的耕地，鼓励传统农业景观结构在坡度转换地带、田块边缘、坡地与谷地间种植绿篱的方式，有效减缓土壤侵蚀和地表径流； ●健全耕地生态保护经济补偿机制，推行保护性耕作和适当休耕，弥补农户因生态保护造成的生产损失，提升利益相关者对耕地生态建设的积极性	以耕地的生态功能为主导，将耕地维育纳入到生态保护的范围，通过生态治理的干预作用改善耕地生态环境，发挥其对城市的生态调节作用

2. 面向多功能复合的绿色产业集群布局

从上述以耕地质量等级差异为依据制定的耕地维育导控策略中可以看出：在我国耕地保护制度不断完善和升级的引领下，耕地保护的内容趋于多元，不但要维持数量不减少、维系质量提升，兼顾维护生态功能，还要维新管理方式、优化空间配置，与之相应耕地保护的措施也趋于多元，不但要有经济措施的激励，还要有法律措施的保障，同时还要有行政和技术措施作为补充，从而使耕地成为承载粮食生产、经济协调、空间优化、生态修复、休闲体验等多重功能的资源载体。当前耕地资源的多功能复合趋势，反映出城市农业的"绿色化"发展趋势。所谓"绿色化"是在城乡建设中贯彻落实生态文明建设的具体途径，在城市农业产业发展中具体体现为三个典型转变：一是从粗放式经营转向高效、集约、环保，以高附加值、高技术、高品质引领生产方式的转变；二是从单一的生产导向转向消费需求导向引导农业生产主体将产业链、价值链等现代产业组织方式引入农业，促进三产联动的产业结构优化；三是农业发展价值观从强调经济效益到生态经济整体效益的转变，促使农业向着与林业、牧业、渔业整合成资源节约、环境友好的大农业。而以上转变也促成了绿色农业产业集群的形成，体现出产业生态学中所强调的研究取向，即从关注一个产品技术系统的自身运作转向对自然生态系统与产业系统之间相互作用与影响的关注。绿色农业产业集群也成为产业生态学和景观生态学两者相互整合的一个可能架构，将生产与生态环境的保护整合成一个良性循环且动态平衡的过程,强调生态、社会、经济综合效应的实现（图 7.3）。

基于良好的生态环境和多年产业发展的积累，遵义市政府

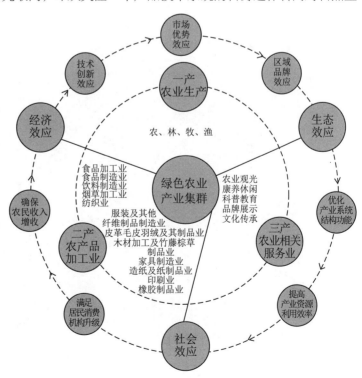

图 7.3　绿色农业产业集群综合效应示意图

于 2019 年提出了"八大市级农业特色优势产业"：茶叶、辣椒、蔬菜（食用菌）、中药材（石斛）、酒用高粱、生态畜禽（渔业）、竹子、花椒（含刺梨、油茶），通过这八大产业形成的集群优势，使坝区产业结构得以调整，同时围绕八大产业形成了一大批农产品加工企业，农产品加工转化率达 56.2%。绿色农业产业集群的生产及加工集聚区的布局，也将在景观生态的架构下形成与城市组团共同发展的绿色产业圈层复合结构（图 7.4）。内圈层从高坪、新蒲、深溪、龙坪、三岔，一直到南白镇，形成一条围绕主城区集合现代服务业、高新科技产业、先进制造业等环保型、劳动密集型和高技术含量的产业带，外圈层从新舟机场新区、虾子、西坪、团溪、尚稽，到苟江、三合和乌江镇，形成以资源能源型产业、循环经济型产业为主导的产业带，而在圈层间受自然山水阻隔的影响，城市农业从主副城区的城市组团缝地间向近郊、中远郊延伸，形成主导功能差异化定位的农业产业布局，如近郊农业主要承载休闲观光、科普教育、品牌展示等功能，中远郊农业主要承载农副产品供给、加工等功能。由于交通便利性的提高带动旅游业、游憩服务业的发展，使绿色产业间的黏度增强，而在绿色产业集群中逐渐形成的准入机制，将引导"三生"空间格局向着均衡协调发展。

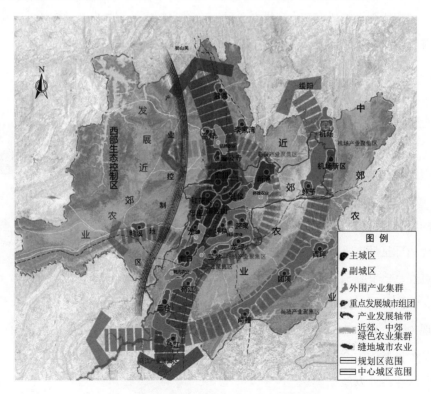

图 7.4　遵义市的绿色产业集群布局图

参 考 文 献

［1］ 佘正荣 . 生态智慧论 [M]. 北京：中国社会科学出版社，1996.

［2］ 杜春兰，贾刘耀 . 生态智慧研究：历史、发展与方向 [J]. 中国园林，2019，35（7）：45-50.

［3］ 王建国 . "从自然中的城市"到"城市中的自然"——因地制宜、顺势而为的城市设计 [J]. 城市规划，2021，45（2）：36-43.

［4］ 于冰沁 . 寻踪——生态主义思想在西方近现代风景园林中的产生、发展与实践 [D]. 北京：北京林业大学，2012.

［5］ [美] 伊恩·麦克哈格 . 设计结合自然 [M]. 芮经纬，译 . 天津：天津大学出版社，2006.

［6］ 杨沛儒 . 生态城市主义 [M]. 北京：中国建筑工业出版社，2010.

［7］ 翟俊 . 景观都市主义的理论和方法 [M]. 北京：中国建筑工业出版社，2018.

［8］ 邬建国，郭晓川，杨稢，等 . 什么是可持续性科学？ [J]. 应用生态学报，2014，25（1）：1-11.

［9］ WU J . Landscape sustainability science: Ecosystem services and human well-being in changing landscapes[J]. Landscape Ecology, 2013, 28(6).

［10］ 罗超，王国恩，孙靓雯 . 中外空间规划发展与改革研究综述 [J]. 国际城市规划，2018，33（5）：117-125.

［11］ 李浩 . 我国空间规划发展演化的历史回顾 [J]. 北京规划建设，2015（3）：163-170.

［12］ 赵纪军 . 对"大地园林化"的历史考察 [J]. 中国园林，2010，26（10）：56-60.

［13］ 陈柳新，洪武扬，敖卓鸹 . 深圳生态空间综合精细化治理探讨 [J]. 规划师，2018，34（10）：46-51.

［14］ 刘滨谊，赵彦 . 中国"风景"观溯源 [J]. 中国园林，2018，34（9）：46-52.

［15］ 王树声，李岚，李小龙，等 . 因时立形：一种动态接续山水格局的规划方式 [J]. 城市规划，2018，42（9）：93-94.

［16］ 郑曦 . 山水都市化：区域景观系统上的城市 [M]. 北京：中国建筑工业出版社，2018.

［17］ 杨欣 . 山地人居环境传统空间哲学认知 [D]. 重庆：重庆大学，2016.

［18］ 李玉文 . 中国城市规划中的山水文化解读 [M]. 北京：中国建筑工业出版社，2018.

［19］ 王树生 . 中国城市人居环境历史图典 [M]. 北京：科学出版社，2016.

［20］ 焦毅强 . 建筑与传统文化的回归——人与自然共同构筑环境 [M]. 北京：中国建筑工业出版社，2015.

［21］ 胡洁 . 山水城市·梦想人居——基于山水城市思想的风景园林规划设计实践 [M]. 北京：中国建筑工业出版社，2020.

［22］ 初冬 . 复归"山水"——从山水画到"山水城市"的可能性探析 [M]. 北京：中国建筑工业出版社，2018.

［23］ 程根伟，钟祥浩，郭梅菊 . 山地科学的重点问题与学科框架 [J]. 山地学报，2012，30（6）：747-753.

［24］ 黄光宇 . 山地城市学原理 [M]. 北京：中国建筑工业出版社，2006.

［25］ 赵万民，等 . 山地人居环境七论 [M]. 北京：中国建筑工业出版社，2015.

［26］ 吴勇 . 山地城镇空间结构演变研究 [D]. 重庆：重庆大学，2012.

［27］ 曹珂 . 山地城市设计的地域适应性理论与方法 [D]. 重庆：重庆大学，2016.

［28］ 王力国 . 生态和谐的山地城市空间格局规划研究 [D]. 重庆：重庆大学，2016.

［29］ 曹珂，李和平，肖竞，等 . 人工与自然互契的山地城市景观设计方法研究——以重庆市云阳县北部新区城市设计为例 [J]. 城市规划，2018，42（7）：52-60.

［30］ 刘骏，沈广哲 . 基于效能优化的山地城市绿地空间研究 [J]. 西部人居环境学刊，2015，30（3）：116-119.

［31］ 朱捷，汪子茗 . 景观触媒效应下的山地城市设计研究 [J]. 中国园林，2017，33（2）：14-16.

［32］ 叶林，邢忠，颜文涛 . 山地城市绿色空间规划思考 [J]. 西部人居环境学刊，2014，29（4）：37-44.

［33］ 张庭伟.规划的协调作用及中国规划面临的挑战 [J].城市规划，2014，38（1）：35-40.

［34］ 文超祥，马武定.博弈论对城市规划决策的若干启示 [J].城市规划，2008，4（10）：52-46.

［35］ 曾山山，张鸿辉，崔海波，等.博弈论视角下的多规融合总体框架构建 [J].规划师，2016，32（6）：45-50.

［36］ 林坚，陈诗弘，许超诣，等.空间规划的博弈分析 [J].城市规划学刊，2015，4（1）：10-14.

［37］ 邱杰华，何冬华.多方博弈下的佛山市南海区"多规合一"空间管制实施路径 [J].规划师，2017，33（7）：67-71.

［38］ 黄玫.国土空间规划体系变革影响规划权实施的博弈研究 [J].北京规划建设，2019，4（5）：85-90.

［39］ 何冬华.生态空间的"多规融合"思维：邻避、博弈与共赢——对广州生态控制线"图"与"则"的思考 [J].规划师，2017，33（8）：57-63.

［40］ 马淇蔚."冲突"抑或"协作"——生态博弈机制下的城市开发边界划定路径 [J].城市规划，2020，44（3）：115-129.

［41］ 陈天，王佳煜，李海龙.博弈论视角下的生态新城生态本底评价与优化策略——以中新天津生态城为例 [J].城市发展研究，2021，28（5）：8-18.

［42］ 王如松.城市规划与管理的生态整合方法 [A] // 中国生态学学会.复合生态与循环经济——全国首届产业生态与循环经济学术讨论会论文集 [C].中国生态学学会，2003：14.

［43］ 李方正，解爽，李雄.基于多源数据分析的北京市中心城绿色空间时空演变研究（1992—2016）[J].风景园林，2018，25（8）：46-51.

［44］ 穆博.郑州城乡空间消长与绿地结构调控 [D].郑州：河南农业大学，2016.

［45］ 李纯，王智勇，杨体星.武汉都市发展区绿色空间时空动态演变研究 [A] // 中国城市规划学会，杭州市人民政府.共享与品质——2018 中国城市规划年会论文集（16 区域规划与城市经济）[C].北京：中国城市规划学会，2018：10.

［46］ Bowman J T. Connecting National Wildlife Refuges with Green Infrastructure: the Sherburne – Crane Meadows Complex[D]. St. Paul: University of Minnesota, 2008.

［47］ 邱瑶，常青，王静.基于 MSPA 的城市绿色基础设施网络规划——以深圳市为

例 [J]. 中国园林，2013，29（5）：104–108.

［48］ 于亚平，尹海伟，孔繁花，等. 基于 MSPA 的南京市绿色基础设施网络格局时空变化分析 [J]. 生态学杂志，2016，35（6）：1608–1616.

［49］ Adriaensen F, Chardon J P, De Blust G, et al. The application of 'least–cost' modelling as a functional landscape model[J]. Landscape and Urban Planning, 2003，64(4): 233–247.

［50］ Kong F, Yin H, Nakagoshi N, et al.Urban green space network development for biodiversity conservation: Identification based on graph theory and gravity modeling [J]. Landscape & Urban Planning, 2010, 95(1–2): 16–27.

［51］ Zetterberg A, M or Rtberg UM, Balfors B.Making graph theory operational for landscape ecological assessments, planning, and design[J].Landscape and Urban Planning, 2010, 95(4): 181–191.

［52］ [美] 马克·A. 贝内迪克特，爱德华·T. 麦克马洪. 绿色基础设施：连接景观与社区 [M]. 黄丽玲，等，译. 北京：中国建筑工业出版社，2010.

［53］ 王云才. 景观生态规划原理 [M]. 北京：中国建筑工业出版社，2013.

［54］ Farina A.Principles and Methods in Landscape Ecology[M].London: Chapman&Hall Press, 1998.

［55］ Yuhong Tian, C Y Jim, Yan Tao, et al. Landscape ecological assessment of green space fragmentation in Hong Kong[J]. Urban Forestry & Urban Greening, 2011(10)：79–86.

［56］ H Andrén, Andren H.Effects of Habitat Fragmentation on Birds and Mammals in Landscapes with Different Proportions of Suitable Habitat：A Review[J].Oikos, 1994, 71(3): 355.

［57］ 陈思清，汪洁琼，王南. 融合景观连通性的城镇规划与生物多样性生态服务效能优化 [J]. 风景园林，2017（1）：66–81.

［58］ 穆博，李华威，Audrey L, 等. 基于遥感和图论的绿地空间演变和连通性研究——以郑州为例 [J]. 生态学报，2017，37（14）：4883–4895.

［59］ 龚富华，杨山. 开发区快速建设影响下的苏州城市空间形态演化分析 [J]. 现代城市研究，2017（2）：47–53.

［60］ Wei–Ning Xiang. Ecophronesis: The ecological practical wisdom for and from ecological practice[J]. Landscape and Urban Planning, 2016, 155: 53–60.

［61］ 王向荣,林箐.西方现代景观设计的理论与实践 [M].北京: 中国建筑工业出版社,2002.

［62］ [美] 刘易斯·芒福德.城市发展史: 起源、演变和前景 [M].宋俊岭, 等, 译.北京：中国建筑工业出版社，2008.

［63］ 彭新武.复杂性思维与社会发展 [M].北京：中国人民大学出版社，2003.

［64］ Forman RTT, Godron M. Landscape Ecology[M]. New York: John Wiley, 1986.

［65］ Attoe W, Logan D. American Urban Architecture: Catalysts in the Design of Cities[M]. Berkeley & Los Angeles: University of California Press, 1989.

［66］ 陈蔚镇,刘荃.作为城市触媒的景观 [J].建筑学报，2016（12）: 88–93.

［67］ 华晓宁，吴琅.当代景观都市主义理念与实践 [J].建筑学报，2009（12）：85–89.

［68］ 陈洁萍，葛明.景观都市主义谱系与概念研究 [J].建筑学报，2010（11）: 1–5.

［69］ 翟俊.基于景观都市主义的景观城市 [J].建筑学报，2010（11）: 6–11.

［70］ Wu J G . A Landscape Approach for Sustainability Science[J]. Springer New York, 2012(1): 59–77.

［71］ Wu J . Landscape sustainability science: Ecosystem services and human–well–being in changing landscapes[J]. Landscape Ecology, 2013, 28(6): 999–1023.

［72］ 杨锐.论“境”与“境其地”[J].中国园林，2014，30（6）: 11.

［73］ 张庭伟.规划的协调作用及中国规划面临的挑战 [J].城市规划，2014，38（1）: 35–40.

［74］ DGLG. Assessing Needs and Opportunities: A Companion Guide to PPG17[R]. London: DCLG, 2006.

［75］ 付喜娥,吴人韦.绿色基础设施评价(GIA)方法介述——以美国马里兰州为例[J].中国园林，2009，25（9）: 41–45.

［76］ 邢忠，乔欣，叶林，等."绿图"导引下的城乡结合部绿色空间保护——浅析美国城市绿图计划 [J].国际城市规划，2014，29（5）: 51–58.

［77］ 郑越.美国俄勒冈州空间规划体系的思想源头和总体架构 [J].国际城市规划，2021，36（1）: 148–152.

［78］ 刘娟娟，李保峰，南茜·若，等.构建城市的生命支撑系统——西雅图城市绿色基础设施案例研究 [J].中国园林，2012，28（3）: 116–120.

［79］ 李雄，张云路. 新时代城市绿色发展的新命题——公园城市建设的战略与响应 [J]. 中国园林，2018，34（5）：38-43.

［80］ 兰希秀. 论"自然↔人"化：自然的人化和人的自然化的整合 [J]. 南华大学学报（社会科学版），2010，11（6）：31-34.

［81］ [英] 亚当·斯密. 国民财富的性质和原因的研究 [M]. 郭大力，王亚南，译. 北京：商务印书馆，2011.

［82］ 李黎. 谁为公园付费？——从公共物品理论看公园的供给和收费 [J]. 当代财经，2003（11）：37-40.

［83］ 张庭伟. 论规划理论的多项性和理论发展轨迹的非线性 [M]. 城市规划，2006，30（8）：9-17.

［84］ 林坚，宋萌，张安琪. 国土空间规划功能定位与实施分析 [J]. 中国土地，2018，4（1）：15-17.

［85］ 乔洪武，李新鹏. 有限理性的人如何实现符合经济正义的利益追求——威廉姆森的经济伦理思想探析 [J]. 武汉大学学报（哲学社会科学版），2015，68（6）：48-56.

［86］ 王丰龙，刘云刚，陈倩敏，等. 范式沉浮——百年来西方城市规划理论体系的建构 [J]. 国际城市规划，2012，27（1）：75-83.

［87］ 邬建国. 景观生态学——格局、过程、尺度与等级 [M]. 北京：高等教育出版社，2007.

［88］ 范冬萍. 复杂系统的因果观和方法论——一种复杂整体论 [J]. 哲学研究，2008（2）：90-97，129.

［89］ 童世骏. 没有"主体间性"就没有"规则"——论哈贝马斯的规则观 [J]. 复旦学报（社会科学版），2002（5）：23-32.

［90］ 西明·达武迪，曹康，王金金，等. 韧性规划：纽带概念抑或末路穷途 [J]. 国际城市规划，2015（2）：12-16.

［91］ [美] Brian Walker，David Salt，彭少麟. 弹性思维：不断变化的世界中社会——生态系统的可持续性 [M]. 陈宝明，赵琼，译. 北京：高等教育出版社，2010.

［92］ 胡晓鹏. 模块化：经济分析的新视角 [M]. 北京：人民出版社，2009.

［93］ Henri Lefebvre. The Production of Space [M]. Oxford: Blacekwell Publishers, 1991.

［94］ 牛俊伟. 从城市空间到流动空间——卡斯特空间理论述评 [J]. 中南大学学报

（社会科学版），2014，20（2）：143-148，189.

[95]　杨建梅 . 切克兰德软系统方法论 [J]. 系统辩证学学报，1994（3）：86-91.

[96]　余大富 . 山地资源的特点及开发策略 [J]. 山地学报，2001（S1）：103-107.

[97]　[清] 郑珍，莫友芝 . 遵义府志（卷四·山川）[M]. 遵义市志编纂委员会办公室，
　　　　1986.

[98]　侯绍庄，史继忠 . 贵州古代民族关系史 [M]. 贵阳：贵州民族出版社，1991.

[99]　[北齐] 魏收 . 魏书（卷一〇一·獠传）[M]. 北京：中华书局，1974.

[100]　[元] 脱脱 . 宋史（卷四百九十六）[M]. 北京：中华书局，1977.

[101]　刘文芝 . 贵州林谚 [M]. 贵阳：贵州人民出版社，1979.

[102]　[汉] 班固 . 汉书（卷九十五）[M]. 北京：中华书局，1962.

[103]　[清] 张巧玉，等 . 明史（卷四十三·地理四·遵义军民府）[M]. 上海：上海
　　　　古籍出版社，1986.

[104]　[明] 李化龙 . 平播全书 [M]. 刘作会校点 . 北京：大众文艺出版社，2008.

[105]　黄慧妍 . 西南地区土司制度统治下的城邑营建研究 [D]. 南京：东南大学，
　　　　2015.

[106]　王兴骥，周必素 . 海龙屯与播州土司综合研究 [M]. 北京：社会科学文献出版社，
　　　　2014.

[107]　[清] 顾祖禹 . 读史方舆纪要（卷七十）[M]. 北京：中华书局，2005.

[108]　杨旭 . 唐宋以降播州城邑的演变 [D]. 重庆：西南大学，2017.

[109]　[清] 蔡毓荣等修，钱受巧等纂 . 四川总志（卷五·城池）[M]. 清康熙十二年
　　　　（1673 年），刻本 .

[110]　[清] 四库丛刊续编 . 嘉庆重修一统志（卷五百十一）[M]. 北京：中华书局印行 .

[111]　李倩 . 遵义城市变迁研究 [D]. 湘潭：湘潭大学，2012.

[112]　葛镇亚，等 . 遵义县图志（上）[M]. 北京：中国文史出版社，2015.

[113]　[民国] 张其昀，等 . 遵义新志（内部印行）[M]. 遵义市志编纂委员会办公室，
　　　　1999.

[114]　遵义市建设委员会 . 遵义市城建志 [M]. 遵义：遵义人民出版社，1993：1176-
　　　　1989.

[115]　葛镇亚，等 . 遵义县图志（下）[M]. 北京：中国文史出版社，2015.

[116]　李政霖，何浪，杨孝增 . 基于多源数据挖掘的山体保护与利用策略研究——

以贵阳市为例 [A] // 中国城市规划学会，杭州市人民政府 . 共享与品质——2018 中国城市规划年会论文集（05 城市规划新技术应用）[C]. 中国城市规划学会，2018：10.

[117] 周星宇，郑段雅 . 山体三级保护线划定技术探索与实践——以湖北省罗田县和浠水县为例 [J]. 规划师，2016，32（4）：120-124.

[118] 王小军，刘光旭 . 南方丘陵区流域提取及洪水淹没模拟——以赣江上游为例 [J]. 中国农村水利水电，2017（5）：161-165，169.

[119] [美] 休·考特尼 . 不确定性管理 [M]. 北京：中国人民大学出版社，2000：7-12 .

[120] 郑明强 . 遵义市耕地利用现状分析与保护对策 [J]. 安徽农业科学，2017，45（10）：203-205，232.

[121] 俞孔坚，李迪华，刘海龙 . "反规划" 途径 [M]. 北京：中国建筑工业出版社，2005.

[122] Xiao S S, Ye Y Y, Xiao D, et al.Effects of tillage on soil N availability, aggregate size, and microbial biomass in a subtropical karst region[J].Soil and Tillage Research, 2019, 192: 187-195.

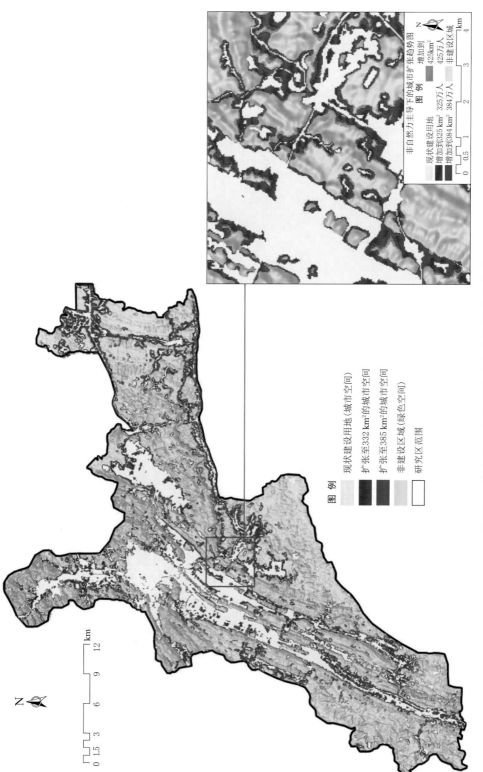

附图 1　非自然力主导下的城市空间扩张趋势图

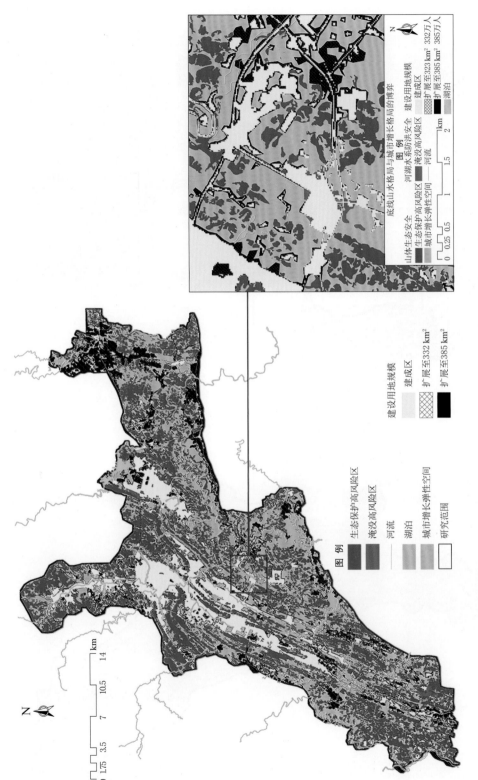

图 例

生态保护高风险区

淹没高风险区

—— 河流

湖泊

城市增长弹性空间

研究范围

建设用地规模

建成区

扩展至 332 km²

扩展至 385 km²

底线山水格局与城市增长格局的博弈

图 例

山体生态安全　　　河湖水系防洪安全　　建设用地规模

生态保护高风险区　淹没高风险区　　　建成区

城市增长弹性空间　—— 河流　　　　　扩展至 323 km²　332万人

　　　　　　　　　　　　湖泊　　　　　扩展至 385 km²　385万人

0 0.25 0.5   1   1.5   2
km

N

附图 2　利用优先导向下底线山水格局与城市扩张格局的博弈

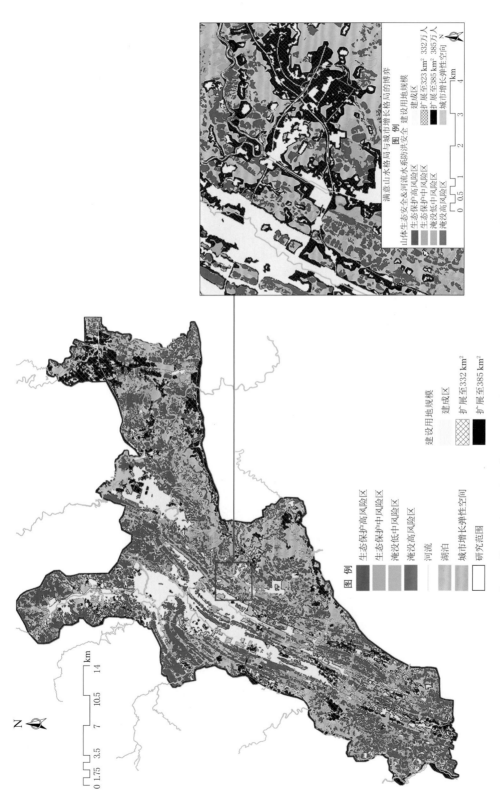

附图 3　兼顾保护和利用导向下的满意山水格局与城市扩张格局的博弈

图例

■ 生态保护低风险区
■ 生态保护中风险区
■ 生态保护高风险区
■ 淹没低风险区
■ 淹没中风险区
■ 淹没高风险区
— 河流
■ 湖泊
■ 城市增长弹性空间

建设用地规模

□ 建成区
▨ 扩展至332 km²
■ 扩展至385 km²
□ 研究范围

理想山水格局与城市增长格局的博弈

图 例

山体生态安全　　河湖水系防洪安全　　建设用地规模

■ 生态保护低风险区　■ 淹没低风险区　　□ 建成区
■ 生态保护中风险区　■ 淹没中风险区　▨ 扩展至323km²　332万人
■ 生态保护高风险区　■ 淹没高风险区　■ 扩展至385km²　385万人
■ 城市增长弹性空间　— 河流　　　　　■ 湖泊

0　0.75　1.5　　1.5　2.25　3
km

附图 4　保护优先导向下的理想山水格局与城市扩张格局的博弈